大计算概论与应用

Big Computing :

Introduction and Application

程 伟 高锡超 丁 峰 林 兵 潘润铿 ◎ 编著

中国经济出版社

CHINA ECONOMIC PUBLISHING HOUSE

· 北京 ·

图书在版编目（CIP）数据

大计算概论与应用／程伟等编著．－－北京：中国
经济出版社，2022.11

ISBN 978－7－5136－7095－1

Ⅰ．①大… Ⅱ．①程… Ⅲ．①云计算②数据处理
Ⅳ．①TP393.027②TP274

中国版本图书馆 CIP 数据核字（2022）第 174299 号

策划编辑　孙东健
责任编辑　孙东健
责任印制　马小宾
封面设计　新成博创　贾小静
装帧设计　黄　莉

出版发行　中国经济出版社
印刷者　北京艾普海德印刷有限公司
经销者　各地新华书店
开　　本　710mm×1000mm　1/16
印　　张　18
字　　数　292 千字
版　　次　2022 年 11 月第 1 版
印　　次　2022 年 11 月第 1 次
定　　价　98.00 元

广告经营许可证　京西工商广字第 8179 号

中国经济出版社 网址 www.economyph.com 社址 北京市东城区安定门外大街 58 号 邮编 100011
本版图书如存在印装质量问题，请与本社销售中心联系调换（联系电话：010－57512564）

互联网从诞生至今已经有 50 多年，在此基础上发展起来的云计算、大数据、人工智能、物联网、区块链等新一代信息技术，正推动着全球数字经济飞速发展。相较于农业时代的土地、工业时代的电力，算力已成为数字经济时代的关键资源。云计算、智能计算乃至超算等，本质上都是算力的不同形式和类型。我国中央政府和各地方的政策文件中，也陆续提出建设云数据中心、智能计算中心、一体化大数据中心、新型数据中心等，而信息通信行业不同的参与主体也提出了"云网融合""算网一体"和"大计算"等概念。

大计算并非指某一个具体技术，它可以被理解为以算力为核心的相关资源与各类技术的集合体。大计算既包括基础算力、智能算力、超算算力等不同类型的算力资源，还包括数据中心基础设施、算力网络、算力调度平台、算力管理平台等相关配套设施及技术。大计算是融合了算力生产、算力传输和算力服务的综合体，通过深度应用互联网、大数据、人工智能等新兴技术，大计算支撑了传统基础设施的转型升级，对于我国数字经济的发展意义重大。

2022 年初，国家有关部委发文，全面启动"东数西算"工程，通过构建数据中心、云计算、智能计算、大数据一体化的新型算力网络体系，统筹调度东西部数据中心算力需求与供给，将东部算力需求有序调度到电力资源丰富的西部地区，优化全国数据中心布局，实现全国算力、网络、数据、能源的协同联动。与此同时，随着5G、人工智能、云计算、大数据等新一代信息技术在各行各业中广泛应用，行业应用的多样性必然带来算力需求的多样性。未来，"云—边—端"三级算力泛在互联，网络资源和算力资源将实现全面融合，并逐步走向"算网一体"阶段。算网共进，提供新服务、打造新模式、培育新业态。相信在不远的将来，广大用户能够像用水、用电那样使用全国一体化的算力资源。

在此背景下，大量从业人员期望学习以算力为核心的大计算的相关知识。本书五位作者长期从事产业互联网一线工作，在云计算、边缘计算、人工智能、数据中心等领域实战经验丰富，在新技术研究、应用落地、产学研合作等方面颇有建树。本书是作者在大计算领域多年来积累的大量应用成果的系统总结，通过阅读本书，读者既可以系统了解大计算相关领域的背景和发展脉络，又可以借鉴书中的技术方案和典型应用案例开展实际工作。为此，推荐本书供相关领域的科技工作者和工程技术人员阅读。

龚勇

"长江学者"特聘教授
清华大学计算机系教授
2022 年 7 月

自 20 世纪 60 年代末互联网技术诞生以来，移动互联网、云计算、大数据、人工智能等新一代信息技术不断发展和逐步成熟，并日益深入地渗透到经济社会的各个领域。2020 年，全球范围内爆发的新冠肺炎疫情又进一步加速了这一趋势。数字经济已经成为世界经济发展的新阶段，即世界经济发展已经进入数字经济时代。

2021 年底，中国联通发布新战略，全面发力数字经济主航道，将"大联接、大计算、大数据、大应用、大安全"作为公司主责主业，实现发展动力、路径和方式的全方位转型升级，更好地开辟新发展空间、融入新发展格局。中国联通主责主业中的"大计算"，就是指以构建"云网一体、安全可信、专属定制、多云协同"的"联通云"为核心，为数字经济打造"第一算力引擎"。在这里，"大计算"所指的计算不仅仅是指算力资源，还包含承载算力的算力基础设施、算力网络、算力平台及各种算法。

就算力资源而言，就包括了云计算、高性能计算、智能计算、边缘计算等各种各样的算力，它满足了智能语音、人脸识别、生物制药、基因检测、天气预报、环境监测、新材料研究、石油勘探等领域对算力的需求。算力看不见、摸不着，但又真实存在，推动着人类生活的进步，让人类生活更加智能。

全书共分为七章：

第一章首先对大计算、算力进行概述，对算力资源应用面临的问题和挑战做了全面分析。

第二章对算力的基础——数据中心进行全面阐述，主要内容包括数据中心的发展历史、国内外发展现状，分析了数据中心基础设施的供配电、制冷系统、网络系统、数据中心管理系统等关键技术，探讨了当前的几项新技术的应用情况，分析了国家"东数西算"工程背景下各参与主体的布局，并做了展望。

第三章到第六章分别介绍了云计算、智能计算、超级计算以及边缘计算，包括其发展历史、现状、趋势，对各类计算的关键技术展开讨论，并结合典型应用案例做了阐释。

第七章从微观和宏观两个方面对异构计算的发展情况做了介绍和讨论，并对未来算力的融合发展进行了展望。

本书的编写得到了联通（广东）产业互联网有限公司数据中心团队、云计算团队及运维团队的大力支持，凝结了魏琳琅、魏蕤、廖钧熊、黄俊景、丘洵彦、程丽明、冯汉枣、梁高翔、闫婷等同志的辛勤工作，在此向他们表示感谢。

本书从技术和应用两个角度出发，系统总结了作者多年来在云计算、大数据、人工智能、数据中心等领域的工作实践经验，在阐述大计算相关理论的基础上，结合国际最新技术发展方向及典型应用案例进行编写，在大计算领域做了有益探索，并配有 100 多幅精美图片，力求深入浅出、通俗易懂。

尽管我们已做了很大努力，但由于水平有限，书中难免有错误、遗漏和不当之处，敬请广大读者批评指正。

程　伟

2022 年 7 月于广州

目录
Contents

第一章 大计算
CHAPTER ONE

——

大计算是以算力为核心的相关资源、技术的集合。大计算既包括基础算力、智能算力、超算算力等不同类型的算力资源，还包括数据中心基础设施、算力网络、算力调度平台、算力管理平台等相关配套设施及技术。

1.1 算力概述

算力，英文全称 computational power。2018 年诺贝尔经济学奖获得者威廉·诺德豪斯（William D. Nordhaus）在《计算过程》一文中对算力下了一个定义："算力是设备根据内部状态的改变，每秒可处理的信息数据量。"

通俗来讲，算力是对数据处理能力的统称，是构成信息社会的"心脏"。算力是一种服务，是由多种芯片、部件和封装形成的可量化服务。算力通过网络进行聚合，形成大的资源池，供需求者调用。

1.1.1 算力的分类

算力的分类有多种维度。从具体产生算力的实物资源来看，智能手机就是一种最常见的典型算力资源，我们日常用的笔记本电脑、PC 机也是算力资源——算力遍布于我们生活的各个角落。但是，我们通常所说的算力资源一般是指服务器以及由众多服务器组成的集群所产生的算力。因此，本书主要围绕服务器算力展开论述。

服务器的核心部件是各类芯片，如 CPU、GPU、FPGA、ASIC 等芯片。CPU 主要用作执行一般任务，其算力称为"通用算力"或"基础算力"。CPU 的芯片分为多种架构，主要包含 x86 和 ARM 等。GPU 主要承担图形显示、大数据分析、信号处理、人工智能和物理模拟等计算密集型任务，其算力是高性能算力。

在人工智能等新型数字化技术对算力产生需求时，单纯使用 CPU 无法满足。因此，GPU、FPGA、ASIC 等芯片的高并行、高密集算力，以及由多种芯片组成的异构高性能算力成为必然选择。

综上所述，根据构成服务器的芯片类型的不同，我们可将算力分为基础算力、智能算力和超算算力：

（1）基础算力：由基于 CPU 芯片的服务器所提供的算力，主要用于通用计算。通常所说的云计算、边缘计算，大都属于基础算力。随着时间的推移，基础算力占整体算力的比重会逐步下降，但其份额目前仍然超过一半。

（2）智能算力：由基于 GPU、FPGA、ASIC 等芯片的计算平台提供的算力，主要用于人工智能的训练和推理计算，比如语音、图像和视频的处理。在技术架构上，人工智能的核心算力由训练、推理等专用计算芯片提供，注重单精度、半精度等多样化的计算能力。在应用方面，人工智能计算主要支持人工智能与传统行业的融合创新与应用，提升传统行业的生产效率，在自动驾驶、辅助诊断、智能制造等方面大显身手。近年来，智能算力规模增长迅速，大有赶超基础算力之势。

（3）超算算力：由超级计算机等高性能计算集群所提供的算力，主要用于尖端科学领域的计算，比如行星模拟、药物分子设计、基因分析等。在技术架构上，超算算力的核心计算能力由高性能 CPU 或协处理器提供，注重双精度通用计算能力，追求精确的数值计算。在应用方面，超算中心主要应用于重大工程或科学计算领域的通用和大规模科学计算，如新材料、新能源、新药设计、高端装备制造、航空航天飞行器设计等领域。超算算力在整体算力中的占比较为稳定，不到10%。

1.1.2 算力的计量

算力有不同的类型，因此需要一个统一的衡量标准。目前公认的算力基本计量单位是 FLOPS（floating-point operations per second，每秒浮点运算次数）。FLOPS 为每秒执行的浮点运算次数，是对计算机性能的一种衡量方式。在计算机系统的发展过程中，人们曾经提出过多种方法以表示计算能力，而目前使用最广泛的就是"浮点运算次数表示法"。FLOPS 的概念最早由 Frank

H. McMahon 在其报告中提出，国内外不少文献以及服务器产品参数都采用 FLOPS 对算力进行描述。"浮点运算次数表示法"主要包含 3 种常见类型：

（1）双精度浮点数（FP64）：采用 64 位二进制来表达一个数字，常用于处理数字范围大而且需要精确计算的科学计算。

（2）单精度浮点数（FP32）：采用 32 位二进制来表达一个数字，常用于多媒体和图形处理计算。

（3）半精度浮点数（FP16）：采用 16 位二进制来表达一个数字，适合在深度学习中应用。

浮点运算包含双精度（FP64）和单精度（FP32）浮点计算能力。通常用双精度（FP64）浮点计算能力评估高性能算力，用单精度（FP32）浮点数计算能力评估通用算力。除此之外，其他的计算精度也越来越广泛地被用于智能计算领域：半精度（FP16）常用于人工智能算力评估；INT8 也越来越多地被用于深度学习推理领域。

除了基本单位 FLOPS，常用的算力单位还包括 GFLOPS（每秒 10 亿次的浮点运算次数，即 10^9 次）、TFLOPS（每秒 10000 亿次的浮点运算次数，即 10^{12} 次）、PFLOPS（每秒 1000 万亿次的浮点运算次数，即 10^{15} 次）、EFLOPS（每秒 100 京次的浮点运算次数，即 10^{21} 次）等。

1.1.3　算力的发展趋势

全球数字经济持续稳定增长，算力作为数字经济时代的关键生产力要素，已经成为推动数字经济发展的核心支撑力和驱动力。一个国家或地区增加对算力的投资可以带来经济的增长，且这种增长具有长期性和倍增效应。国际数据公司（International Data Corporation，IDC）、浪潮信息、清华大学全球产业研究院联合编制的《2021—2022 全球计算力指数评估报告》[①] 显示：当一个国家的算力指数达到 40 分以上时，算力指数每提升 1 点，对 GDP 增长的推动力将增加 1.5 倍；而当算力指数值达到 60 分以上时，算力指数每提升 1 点，对于 GDP 增长的推动力将提高到 3.0 倍（如图 1-1 所示）。

---

① 此处的计算力与算力为同义语。

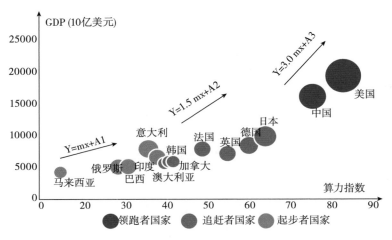

图 1-1　算力指数与 GDP 回归分析趋势

从国家排名来看，美国和中国分别以 77 分和 70 分位列前两位，同处领跑者位置；追赶者国家得分在 40～55 分区间，包括日本、德国、英国、法国等 7 国；得分低于 40 分的为起步者国家，包括印度、意大利、巴西等国。

工信部发布的数据显示，2021 年，我国算力达到 130 EFLOPS。随着数字技术向经济社会各领域全面持续渗透，全社会对算力的需求迫切，预计算力总量每年将以 20% 以上的速度增长。

2022 年 2 月，国家发展改革委等多部门联合发文，"东数西算"工程全面启动，计划推进构建国家算力网络体系。在需求与政策的双重驱动下，全国多地正在加快算力基础设施建设。据测算，到 2025 年，我国基础算力和智能算力总量将分别超过 300 EFLOPS 和 1800 EFLOPS，智能算力将大幅超越基础算力。

在技术和行业的双重驱动下，当前算力呈现多样化、网络化、智能化、绿色化、安全化等发展趋势，预计未来算力将呈现出三个方面的特点：

一是算力呈多样性态势。作为新一轮技术革命的衍生品，数据资源正在以极低的边际成本加速涌现。这些数据资源既可以与新材料技术、先进制造技术相结合，也可以作为独立生产资料存在，从生产、管理、计算、交流等多方面赋能企业经营，成为新的关键生产要素。在此背景下，没有任何一种计算架构可以满足所有行业诉求，围绕数据分析处理的算力被赋予更加丰富的内涵。另外，在基础算力之外，还诞生了智能算力、超算算力以及前沿算力（如量子计算、光子计算）等专业化的算力设施。

二是算力布局呈现泛在化趋势。算力资源正在从集中的部署方式往多级化的方向发展，尤其是以边缘计算、终端计算为代表的算力形态的出现已与规模化中心算力形成互补之势。新型的云计算基础设施现已成为各行各业转型升级的"数字底座"。算力网络化技术将整合不同归属、不同地域、不同架构的算力资源，打破"数据孤岛"，推动数字经济走向繁荣。

三是"智能敏捷、绿色安全"将成为算力发展新要求。算力智能化、算力绿色化、算力可信化成为未来发展方向。随着数字世界和物理世界的边界逐步消融，人工智能将从无人驾驶、工业互联网等上层应用向底层基础设施蔓延，"智能敏捷"将成为智能社会算力设施的重要标签。当前，绿色安全与数字经济相伴发展，在坚定不移地推进"联接＋算力"朝着生态优先、绿色低碳目标演进的同时，云网融合的数字信息基础设施也将筑牢安全堤坝，为数字经济保驾护航。

1.2   算力网络

1.2.1   算力网络概述

关于算力网络的定义，目前业界没有统一标准。一个得到广泛认可的说法是：算力网络指在计算能力不断泛在化发展的基础上，通过网络手段将计算、存储等基础资源在"云—边—端"之间进行有效调配，以提升业务服务质量和用户服务体验。

随着边缘计算的发展和部署，用户不再只是访问位于数据中心的算力，有的业务需要访问边缘算力，同时也需要云边协同计算。

算力资源需要协同，而网络是用户去往算力资源的必经之路，通常会由算力平台和网络去调配算力。基于此目的，"算力网络"的概念被提了出来，并迅速发展。

5G、全光网、SDN（software defined network，软件定义网络）等网络技术的发展让网络传输不再是限制算力分发的瓶颈。在新技术的支持下，算力网络应运而生。在电力时代，除了电厂，还需要一张"电网"。类比于电网为各类电气电子设备提供电力，算力网络则是为数据的计算提供算力服务的网络。将"算力＋网络"作为一体化的生产力统一供给，有利于信息服务新模式的构建。

1.2.2　算力的"网络化"分布

影响算力发展的主要因素是芯片，特别是芯片的性能、成本、功耗三大因素。性能因素，即影响算力处理及输出数据能力的因素，芯片性能受物理效应、制造工艺、封装等方面的影响；成本因素，即影响获取单位算力所需经济投入的因素，如芯片设计成本、芯片制造成本等；功耗因素，即影响使用单位算力所需能耗的因素，如芯片功耗、单位算力功耗比等。受这三大因素影响，硅基芯片算力的发展大致经历了从单核到多核再到网络化的三个阶段。

单核芯片的计算能力将在 3 纳米芯片制程接近极限，要提高芯片算力，只能逐步向多核发展。同时，随着芯片核数的增加，处理器、存储介质、操作系统与软件间的不匹配会导致多核芯片核心数量在 128 核时接近上限。因此，随着芯片的单核算力上限和多核数量走向极限，在算力需求持续增长的背景下，自然而然走向算力网络化。

通过从云到端的网络化架构，可以有效提升算力，但仍然有部分算力需求受制于网络带宽、时延，而无法完全满足低时延、大带宽、低成本的应用需求，例如智慧安防网络、CDN 加速等场景。因此，边缘计算的形式应运而生。未来，应该是通过构建"云—边—端"的泛在部署架构来满足多样化的算力需求（如图 1-2 所示）。

在云端，算力由 GPU、NPU 等芯片产生，通过虚拟平台调度服务器设备进行复杂的数据处理，实现高性能算力的合理运用。

在边缘端，算力由 CPU、FPGA 等芯片产生，依托于网关设备，通过边缘服务平台在边缘节点实现数据筛选和实时响应，保障数据传输的稳定性和低延时性。

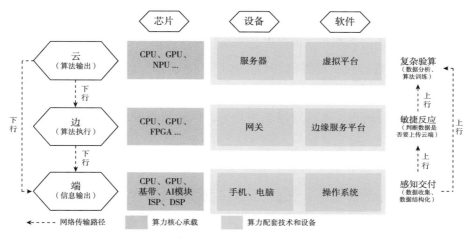

图 1-2　泛在算力分布图

在终端，算力由 CPU、DSP 等芯片产生，操作系统可进行软硬件资源管理，使终端设备拥有更流畅的用户体验。

算力的网络化趋势对网络提出了更高的要求：分布在"云—边—端"的算力资源，通过算力网络整合优化，实现了共享、弹性按需调动；而算力的集中供应也节省了大量分布式边缘节点的投资和运维成本。

1.2.3　算网融合典型架构

近年来，SDN/NFV 技术飞速发展。算力网络将边缘算力、中心算力以及各类网络资源深度融合在一起，通过集中控制或者分布式调度方法将云、边、端算力资源整合起来，按需为客户提供包含计算、存储和连接为一体的泛在算力服务。典型的算网融合架构如图 1-3 所示，该架构共分 5 层：

（1）算力应用层：承载计算的各类服务及应用，并可以将用户对业务SLA 的请求参数传递给算力路由层。

（2）算力路由层：基于抽象后的算网资源，并综合考虑网络状况和计算资源状况，将业务灵活按需调度到不同的计算资源节点中。

（3）算力资源层：利用现有的计算基础设施提供算力资源。为满足边缘计算领域多样性的计算需求，该层能够提供算力模型、算力应用程序编程接口（API）、算网资源标识等功能。

（4）网络资源层：利用现有的网络基础设施（包括接入网、城域网和骨干网）为网络中的各个角落提供无处不在的网络连接。

（5）算网管理层：即算网管理编排层，完成算力运营、算力服务编排，以及对算力资源和网络资源进行管理。该层的具体工作包括对算力资源的感知、度量以及管理等，实现对终端用户的算网运营以及对算力路由层和网络资源层的管理。

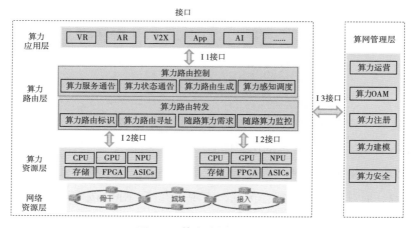

图1-3　算力感知网络架构

算力资源层和网络资源层是算力网络的基础设施层，算网管理层和算力路由层是实现算网一体化调度的核心功能层。

当然，算力网络并不是简单地将算力直接在网络中分发，它还需要与算力交易、网络订购等业务关联，形成一个体系架构，才能解决供需匹配和算力交易两个层面的问题。

在供需匹配上，需要实时将用户的需求与算力资源、网络资源进行匹配，以满足不同用户的需求。在算力交易层面，涉及的不仅仅是购买与用户需求相匹配的算力，也包括将相应计算结果及时反馈给网络资源，这些环节都离不开高效稳定的算力交易平台。

1.2.4　算力网络的布局

当前，算力正在逐步成为一个新的衡量国家和地区经济发展的重要指标。

发展算力网络，需要建立大规模的数据中心作为载体。企业自建自用的单体数据中心缺乏布局规划，数据中心集群依靠其集约化带来的规模效应，成为算力的基础设施。算力网络是云网融合、算网一体趋势下的新型网络形态，通过数据中心集群间的网络直联，可形成算力资源统筹调配的管道。算力网络的快速发展，推动了低时延、高算力、高带宽要求产品的持续云化演进。

当前，电信运营商、互联网公司及设备厂商从自身的资源禀赋和利益出发，对于算网协同、算网一体、算力网络的发展有着各自的理解，各方都在各自领域展开了积极探索。虽然现阶段各方基于不同的利益考虑会有不同的立场和行动，发展过程中也难免会有矛盾、冲突，但算网融合发展是未来的方向，这是各方的共识。

当前，国内算力网络资源主要集中在三大电信运营商手中，他们当然希望以算力网络为主导来调用算力。而国内算力资源主要集中在几大云服务商手中，如阿里云、腾讯云、华为云等，他们则希望把算力网络当成管道。问题的焦点和本质是谁能拥有算力时代的主导权。国内三大电信运营商虽然也有算力资源，但相比其网络资源优势，其算力资源优势相对处于落后地位。

1. 国内电信运营商的算力网络布局

（1）中国电信。

中国电信对算力网络的整体思路是将边缘计算、云计算等多级算力节点与网络进行更进一步的结合，实现云网融合下的资源供给，为用户提供最优的服务以及运营保障。

近年来，中国电信根据客户网络连接需求的变化，持续推动通信网络从传统以行政区划方式组网向以数据中心和云为中心组网转变，实现了四大经济发展区域扁平化、低时延的组网。同时，将骨干通信网络核心节点直接部署到内蒙古和贵州数据中心园区，一跳直达北京、上海、广州、深圳等一线城市或经济热点区域，为全国用户提供低时延、高质量的快速访问。

在"东数西算"的大背景下，中国电信提出围绕全国一体化大数据中心，优化网络架构、降低网络时延，实现算网高效协同，承接"东数西算"业务需求。同时，中国电信计划提升国家枢纽节点核心集群所在区域的网络级别，实现全国至核心集群的高效访问。根据东西部节点间的互补特点，通过架构优化和新技术引入协同，打造多条连接东西部数据中心节点的大带宽、高质量、低时延的直连网络通道；在枢纽节点内部构建高速的互联网络，全面提升核心集群间、核心集群与城市数据中心之间的互联质量。

（2）中国移动。

中国移动把算力网络建设作为企业转型发展的重要机遇，其于2021年发布的《中国移动算力网络白皮书》指出，中国移动将以算力为中心、网络为根基，打造多要素融合的新型信息基础设施。

中国移动的算力网络体系架构主要包括算网基础设施层、编排管理层以及运营服务层。

①算网基础设施层：网络基于全光底座和统一IP承载技术，实现"云—边—端"算力高速互联，满足数据的高效、无损传输需求。用户可随时、随地、随需地通过无所不在的网络接入无处不在的算力，享受算力网络的极致服务。

②编排管理层：编排管理层是算力网络的调度中枢，通过将算网原子能力灵活组合，结合人工智能与大数据等技术，向下实现对算网资源的统一管理、统一编排、智能调度和全局优化；向上提供算网调度能力接口，支撑算力网络多元化服务。

③运营服务层：运营服务层是算力网络的服务和能力提供平台，通过将算网原子化能力封装并融合多种要素，实现算网产品的一体化服务供给，使客户享受便捷的一站式服务和智能无感的体验。同时，通过吸纳社会多方算力，构建可信算网服务统一交易和售卖平台，提供"算力电商"等新模式，打造新型算网服务及业务能力体系。

（3）中国联通。

中国联通聚焦算力中心，打造基于算网融合设计的服务型算力网络，构建"云—网—边"一体化能力开放智能调度体系，形成网络与计算深度融合的算网一体化格局。

一是围绕国家枢纽节点，打造区域内、重点城市间低时延圈，实现区域内、城市内最短时延接入。持续优化骨干传输八大核心节点之间互联的关键大动脉，搭建横贯东西、纵贯南北的高效直达光缆架构。

二是打造算网一体的多云生态精品产业互联网。持续优化网络架构，按需建设产业互联网算力节点，优化传输路径，利用 SRv6 和 SDN 等技术构建最短时延算力互访平面，疏通算力资源区域间东西向流量，保障区域间数据中心端到端高质量互访。

三是打造面向边缘算力和多业务融合承载的智能城域网。比如，提升算力服务接入点的覆盖和密度；进一步满足 MEC 边缘云、5G 专网、网络能力资源池等业务承载及用户接入，优化用户访问算力资源体验。

四是构建"云—网—边"一体化能力，开放智能调度体系，实现网络能力、多云及云边算力的协同编排、统一管理、一体化供给和灵活调度。

2. 互联网公司的算力网络布局

互联网公司作为网络中最主要的内容提供者，依托强大的技术积淀和用户流量入口，在与电信运营商的利益分配中逐渐占据主动。部分互联网云服务商通过自建骨干网来加强云间互联，在连接弹性及云化可控能力方面表现更为优异。

例如，Google 通过自建 B4 网络连接其位于全球不同地区的数据中心，该网络采用 SDN 技术实现，在 Google 全球化算力服务中发挥着重要作用。

阿里云于 2017 年底发布了云骨干网，可实现全球云数据中心间更低成本的高速互联。与 Google 自建网络不同，由于受到国内网络监管政策的限制，阿里云骨干网的建设主要依托国内电信运营商的网络资源。

当然，互联网公司对云骨干网建设的探索能够在一定程度上倒逼电信运营商进行服务变革。当前，电信运营商也在不断加强对算网技术的研究，并在部分技术领域实现了与互联网公司的生态融合。

3. 设备厂商的算力网络布局

设备厂商聚焦算网协同发展技术创新与设备研发，为算网协同发展提供支撑。设备厂商在算网协同方面的创新主要体现在网络路由转发、算网资源编排调度等方面。

在网络路由转发方面，中兴通讯推出算力敏感 IP 网络方案，该方案实现了基于 SRv6 的算网一体协同调度，将 SRv6 业务编程纳入通用算力服务功能，可实现端到端算网业务的无缝拉通。

在算网资源编排及调度方面，华为推出 CloudFabric 3.0 超融合数据中心网络方案，该方案支持对多个数据中心进行统一纳管及高速无损互联，可实现业务分钟级部署、故障分钟级修复，极大提升网络运维效率。

1.3　大计算

近年来，国家、地方政策文件陆续提出了云数据中心、智能计算中心（artificial intelligence data center，AIDC）、一体化大数据中心、新型数据中心等概念，信息通信行业不同的参与主体也提出了云网融合、算网一体、大计算等概念。

云数据中心、智能计算中心、超算中心主要是通过数据中心采用的技术架构、提供的服务类型等维度来区分的，其本质都是提供计算能力的不同形式和类型。而云网融合、算网一体主要侧重于云计算、算力资源与网络的融合发展。

在算力架构方面，传统计算与网络分离模式逐渐向计算与网络融合方向演进。未来，算力网络的演进将从目前的算网分治逐步走向算网协同，最终发展为算网一体。未来，算力会像水、电一样通过算力网络为客户提供可计量的标准化服务。

关于什么是大计算，业界没有统一的定义。比较常见的观点是：大计算囊括了基础算力、智能算力以及超算算力在内的不同类型的算力资源，这也是狭义上的大计算。从广义上来说，大计算除了包括算力资源，还包括数据中心基础设施、算力网络、算力调度平台、算力管理平台等（如图1-4 所示）。

本书认为，大计算是融合了算力生产、算力传输和算力能力服务的综合体。大计算是新基建的核心组成部分，通过深度应用互联网、大数据、人工智能等新兴技术，大计算支撑传统基础设施转型升级，形成融合基础设施，

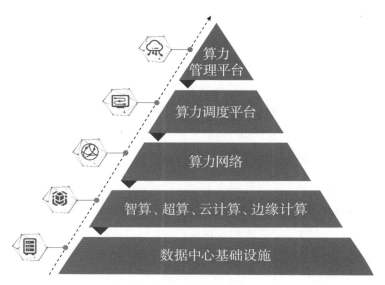

图1-4 大计算架构图

对于我国数字经济发展支撑意义重大。

前文说到，大计算包括了智能计算（智算）、超级计算（超算）和云计算等几类算力资源，这几类算力资源的主要区别在于软件和业务架构不一样。

超算可以理解为一台包含大量节点的超级计算机，不同节点通过高速互联网络连接；云计算则是将大量服务器组成一个分布式计算系统，更多地强调计算资源调度系统；智能计算可以理解为如何将 AI 算法更高效地跑在分布式计算系统或者超算系统上，更多强调的是如何设计相应的计算框架来并行加速跑 AI 算法。

下面，我们以超算与云计算为例，分析一下不同算力之间的区别。

（1）应用领域对比。

云计算的发展就是共享经济在计算领域的演进，面向所有需要信息技术的场景，应用领域和应用层次不断扩张，以支撑构造千变万化的应用。超算则主要提供国家高科技领域和尖端技术研究需要的运算速度和存储容量，包括航天、国防、石油勘探、气候建模和基因组测序等，如美国的 Sequoia 超级计算机的设计初衷主要是应用于核试验模拟，Mira 超级计算机主要用于研究星体爆炸、核反应、气候变化、喷气发动机等。

（2）技术架构对比。

云计算以分布式为特色，统筹分散的硬件、软件和数据资源，通过软件实现资源共享和业务协同，运行的任务也是分布式的。在云计算的基础上，又可引申出边缘计算、云边协同等模式。超算集群逻辑上是集中式的，针对计算密集型任务，更强调通过并行计算来获得高性能，各节点任务存在前后的依赖，对节点之间数据交换的延迟要求非常高。

（3）成本与性能对比。

云计算是规模经济，讲究成本效益，一般采用高性价比的硬件搭建，其可用性、可靠性、扩展性主要通过软件来实现。而要做好超算，则必须舍得花钱堆计算和存储能力，其能耗也很高。

随着我国"东数西算"工程正式启动，大计算相关产业迈入高速发展的新阶段，逐步形成了新的技术体系，推动了新业态的兴起。在大计算的发展过程中，算力、算力网络等核心构成部分仍存在以下几个方面的问题：

（1）算力资源结构有待优化。算力资源方面，虽然近年来智能计算发展迅猛，但智能计算、超算的总体规模较小，部分地区出现了专用算力不足、通用算力过剩的情况，无法满足国防科技、产业转型和社会生活对于多元普惠算力的需求。

（2）算力产业生态体系仍需完善。算力产业构成复杂，硬件、操作系统、数据库等产业体系需多方共建。目前，不同操作系统、固件、整机、芯片平台的兼容性问题突出，平台兼容性问题制约了产业的进一步发展。

（3）算力衡量指标尚未统一。算力衡量指标多维，而现有标准化工作推进不够完善，因此，算力暂时还无法像水、电一样进行标准化的计量。算力的统一标识和度量需要考虑诸多因素，但在计算系统中，很难建立一个统一的标准来比较不同计算机的性能（而且算力的度量除了与硬件资源的计算能力、存储能力和通信能力相关，还取决于配套的业务支撑能力）。

（4）算网融合处于研究阶段。在当前的研究阶段，算网融合的实现路径还没有统一，国内三大电信运营商都提出了自己的实现路径和实践案例，预计未来还会有大量的标准化工作需要做。

本章参考文献

［1］中国信息通信研究院．中国算力发展指数白皮书［EB/OL］．（2022-11-07）［2022-11-10］https：//www. sohu. com/a/603445466_121268596.

［2］IDC. 2021—2022 全球计算力指数评估报告［EB/OL］．（2022-04-01）［2022-11-10］https：//www. igi. tsinghua. edu. cn/info/1019/1223. htm.

［3］华为技术有限公司. 泛在算力：智能社会的基石［EB/OL］．（2022-02-01）［2022-11-10］https：//www. huawei. com/cn/public-policy/ubiquitous-computing-power.

［4］中国联通研究院．算力网络架构与技术体系白皮书［EB/OL］．（2020-10-01）［2022-11-10］https：//baijiahao. baidu. com/s？id＝1660999194134334591。

［5］中国联通研究院．云网融合向算网一体技术演进白皮书［EB/OL］.（2021-03-31）［2022-11-10］https：//www. zhuanzhi. ai/document/6399bdcfe89f5f7910d25c99529c1f17.

［6］中国移动通信集团有限公司.算力网络白皮书［EB/OL］．（2021-11-13）［2022-11-10］https：//www. sohu. com/a/500831730_121015326.

［7］李洁,王月．算力基础设施的现状、趋势和对策建议［J］．信息通信技术与政策，2022,48（3）:2-6.

［8］王少鹏,邱奔．算网协同对算力产业发展的影响分析［J］．信息通信技术与政策，2022,48（3）:29-33.

［9］姚惠娟,陆璐,段晓东．算力感知网络架构与关键技术．中兴通信［J］.2021,27（6）:7-10.

第二章 数据中心
CHAPTER TWO

——

　　作为承载算力的基础设施，数据中心是各类数字技术应用的物理底座，也是数字经济的基础底座。

数据中心

云计算

智能计算

大计算

异构算力融合

超级计算

边缘计算

2.1　数据中心概述

数据中心，通常也称为 IDC，即互联网数据中心（Internet data center）。之所以称为 IDC 而不是 DC（data center），主要是因为早期的数据中心普遍以承载互联网业务为主，所以叫 IDC 更准确。但在大部分场合，数据中心和 IDC 这两个名称是混用的。

2.1.1　数据中心的发展历史

早在 20 世纪 60 年代的大型机时代，为了存放计算机系统及其配套电力设备，需要专门为之建设单独的机房，这种机房被称为"服务器农场"（server farm）。这个"服务器农场"被认为是数据中心的最早原型。

到了 20 世纪 90 年代，随着互联网的蓬勃发展，很多公司开始建设自己的网站、邮件系统、OA 服务器。有些公司将这些服务器放在企业内部，也有些公司不愿意单独建机房，于是就将服务器托管在运营商机房，并让运营商代为管理和维护这些服务器。于是，"数据中心"的概念开始逐渐形成。1996年，一家名叫 Exodus 的美国公司最早提出了"IDC"这个叫法，这就是数据中心发展的早期阶段。

随着时间的推移，第一代数据中心的托管服务开始精细化，从完整的服务器托管延伸出了专门为客户提供网站服务的虚拟主机业务以及企业邮箱等增值服务。这就是 IDC 数据中心发展的第二个阶段。

再往后，到了 21 世纪初，亚马逊、Google 等公司提出了云计算，从而将数据中心带入了第三个阶段——云计算阶段。这个阶段持续至今。

2.1.2　数据中心的发展现状

以数字技术为核心驱动的第四次工业革命正在给人类的生产生活带来深刻变革，数据中心作为承载各类数字技术应用的物理底座，其产业赋能价值正在逐步凸显。虽然近年来受新冠肺炎疫情影响，经济增长速度放缓，但数字经济在疫情下实现逆势增长。人工智能、大数据、物联网等新技术不断催生新应用，推动着数据中心市场高速发展。

当前，世界主要国家均在积极引导数据中心产业发展，因此，数据中心市场规模在不断扩大的同时，行业竞争也日益激烈。"十四五"规划中"数字中国"建设目标的提出，为我国数字基础设施建设提供了重要指导，我国数据中心产业发展步入新阶段，低碳高质、协同发展的格局正在逐步形成。

近年来，全球数据中心市场规模持续增长（如图 2-1 所示）：2021 年，全球数据中心业务规模达到 679.3 亿美元，同比增长 9.8%；2022 年，预计市场收入将达到 746.5 亿美元，增速总体保持平稳。

图 2-1　全球数据中心业务收入图

相比全球其他经济大国，近年来，随着国内移动互联网的普及，企业数字化转型的深入，数据中心市场增速处于领先水平，近三年年均复合增长率达到 30%。如图 2-2 所示，2021 年，国内数据中心业务规模超过 1500 亿元（包括机柜租用、带宽租用、服务器代理运维等服务收入，不包含云计算业务收入）。

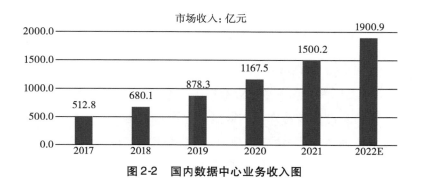

图2-2　国内数据中心业务收入图

在市场规模发展的同时，数据中心机架规模也同步保持快速增长。如图2-3所示，截至2021年年底，我国在用数据中心机架规模达到520万架（按照2.5千瓦的标准机架口径统计），近三年的复合增速超过30%，增速略高于市场需求。

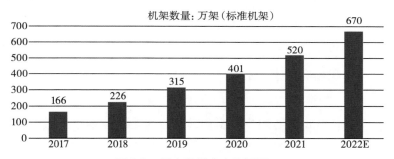

图2-3　国内数据中心资源图

长期以来，我国数据中心主要承载以云计算为代表的基础算力为主，随着我国高性能计算、智能计算及边缘计算相关业务需求的增长，预计承载智能算力的专用数据中心将取得快速发展。

当前，承载基础算力的数据中心仍是市场的主力，按机架规模统计，占比超过90%；超算中心主要服务于国家重大科研领域，商业应用场景较少；智算中心从早期实验探索逐步走向规模商用，尽管现有规模占比不高，但随着我国各类人工智能应用场景的丰富，预期在未来几年中，其规模增速将达到70%。

2.1.3　国内数据中心的运营主体

当前，我国数据中心市场由早年的三大电信运营商主导，逐渐转变为"电信运营商＋互联网公司＋第三方数据中心运营商"共同发展的局面。

电信运营商身份比较特殊，它既是数据中心的运营商，同时还作为互联网骨干网运营商为其他几类数据中心运营主体提供互联接入服务；互联网公司建设数据中心，主要还是以满足自身的业务需求为主；第三方数据中心运营商近年来发展很快，他们具有建设速度快、产品创新强、运维专业等优势。

第三方数据中心运营商主要分为以下几类：

（1）专业数据中心运营商。该类企业在不断探索中完善数据中心服务体系，积累了丰富的建设运营经验，典型代表包括万国数据、光环新网、世纪互联、数据港、中联数据、润泽科技、秦淮数据、浩云长盛、奥飞数据、云下科技、云泰互联、鹏博士等。

（2）上游设备商延伸服务。数据中心产业链上游具备众多的研发制造商，凭借技术积累和产业合作经验，向数据中心服务延伸，典型代表如科华数据。

（3）下游的数据中心用户方由需转供。这类企业本来是数据中心的需求方，但为了节省成本，部分企业开始建设数据中心满足自用，并在积累起一定的管理运维经验后，逐步转化为对外提供数据中心服务。这类企业以云服务商为典型代表，如上海有孚网络等。

（4）其他领域新入的数据中心跨界者。当前，地产公司、钢铁企业乃至物流运输企业等众多的数据中心产业链外的资本开始进入数据中心市场，典型代表包括城地香江、松江股份、宝信软件、杭钢股份、南方物流等。

2.1.4　数据中心的标准与分级

目前，国内外与数据中心有关的工程建设标准主要有中华人民共和国住房和城乡建设部发布的《数据中心设计规范》（GB 50174—2017）、美国通信工业协会（Telecommunication Industry Association，TIA）发布的《数据中心的通信基础设施标准》（ANSI/TIA—942—B—2017）、Uptime Institute 发布的《数据中心站点基础结构层标准：拓扑结构》（Data Center Site Infrastructure Tier Standard：Topology），它们是数据中心建设定位、功能指标、设计技术、施工工艺、验收标准等的具体技术要求与体现。

1. 《数据中心设计规范》（GB 50174—2017）

国内数据中心标准的发展主要经历了四个阶段，包括 1993 年实施的《电子计算机机房设计规范》（GB 50174—92）、2008 年实施的《电子信息系统机房设计规范》（GB 50174—2008）、2017 年实施的《数据中心设计规范》（GB 50174—2017）、2020 年底发布的工程建设强制性国家标准《数据中心项目规范（征求意见稿）》。

从 1993 版、2008 版再到 2017 版，最直观的变化体现在规范的名称上：从"电子计算机机房"到"电子信息系统机房"再到"数据中心"，这几个名称最直观地反映了数据中心行业的发展脉络和方向。《数据中心设计规范》（GB 50174—2017）是目前国内数据中心设计方面最权威、应用最普遍的基础标准规范，该标准为数据中心的建筑结构、电气、暖通、通信四类关键基础设施制定了标准，以更好地实现数据中心的主要功能。主要内容包括：分级与性能要求、选址及设备布置、环境要求、建筑与结构、空气调节、电气、电磁屏蔽、网络与布线系统、智能化系统、给水排水、消防与安全、各级数据中心技术要求等。该标准规定，按数据中心的使用性质、数据丢失或网络中断在经济或社会上造成的损失或影响程度确定所属级别，数据中心应划分为 A、B、C 三级。

2. Uptime Tier 标准

Uptime 是全球公认的数据中心标准组织和第三方认证机构。Uptime Tier 标准将数据中心机房基础设施分成 Tier Ⅰ、Tier Ⅱ、Tier Ⅲ、Tier Ⅳ四档。

Uptime Tier 标准的核心理念是：数据中心是依赖多个独立子系统组成的一体化、现场级基础设施，这些子系统包括供电、不间断电源、制冷等。为满足 Tier 标准的要求，每个子系统都必须采用 Uptime 的规范进行设计、建设。类似于木桶原理，一个数据中心的 Tier 评级取决于其中最薄弱的子系统。例如，如果某数据中心的配电系统达到了 Tier Ⅳ级，但制冷为 Tier Ⅲ级，则该数据中心的评级为 Tier Ⅲ。

Tier 标准是在长期研究数据中心领域相关客户需求、技术和经验的基础上，逐步积累、发展起来的标准。数据中心取得 Tier 认证，也意味着在全球范围得到了权威的认可。虽然 Tier 标准是全球数据中心行业相对认可的性能标准，但受制于不同国家和地区的法律法规、地理环境等客观环境，在各国开展设计、建设、运营和认证时，也需因地制宜，充分考虑各国的具体情况。比如，国内电力供应基本由国家电网、南方电网两家公司经营，一个数据中心项目基本不太可能同时接入两个不同的电网。

Uptime Tier 认证分为三类，分别是设计文件等级认证（TCDD）、建设设施等级认证（TCCF）和可持续性运营等级认证（TCOS）。此外，还有个相对独立的运维管理认证（M&O）。其中，TCDD、TCCF 和 TCOS 是逐级递进的，每一个认证的取得都要以前一个认证的通过为前提。简单来说，TCDD 认证只看图纸，而 TCCF 认证和 TCOS 认证都必须通过 Uptime 专家现场极其严苛的考察测试评估后才能取得。M&O 则无须依赖设计和建造认证，独立申请认证即可获得，相对容易许多，这也是目前国内数据中心项目通过最多的认证。

我们日常会见到很多机房都宣称自己是 Tier Ⅲ 机房，实际上，他们当中很多并没有真正去做认证，只是在规划设计时参照 Tier 的标准去做，或者只做了设计认证，而在建设的时候并没有真正按照设计认证的标准去做。后来，Uptime 发现了这种情况，将设计认证的有效期改成了 2 年，以免有些数据中心拿着名不副实的设计认证去做宣传。

3. 《数据中心电信基础设施标准》（ANSI/TIA—942—B—2017）

目前，国际上有影响力的标准还有《数据中心电信基础设施标准》（ANSI/TIA—942—B—2017），于 2017 年 7 月颁布。本标准由美国国家标准协会 ANSI 批准、美国通信工业协会 TIA 主编。TIA 在 2005 年 4 月发布了《数据中心通信基础设施标准》（ANSI/TIA—942—2005），该标准由 TIA TR—42 电信布线系统专业工程委员会负责开发编制。2005 年到 2014 年间，ANSI/TIA—942 经历了多次补充与修订：2010 年，发布了一个补充版《数据中心通信基础设施标准补充件 2——数据中心的附加指南》（ANSI/TIA—942—2—2010）；

2012 年，发布了修订版《数据中心通信基础设施标准》（ANSI/TIA—942—A—2012）。

在数据中心分级方面，TIA 942 与 GB 50174 有较大区别。TIA 942 是在通信、建筑、电力、机械四方面分别划分四个等级，即 T1 ~ T4、A1 ~ A4、E1 ~ E4 和 M1 ~ M4。这里的 T1 ~ T4 是指通信子项的 1 ~ 4 级，与前面提到 Uptime 的 Tier Ⅰ ~ Tier Ⅳ（有时候被简称为 T1 ~ T4）是不同的体系。

早在 2004 年，Uptime 向 TIA 授权其使用 Uptime 的分类等级系统。但是，当 TIA 授权第三方开展数据中心 Tier 等级培训认证后，Uptime 认为自己的 Tier 标准与 TIA 的 Tier 标准的实现方式有所不同，且 TIA 的行为损害了 Uptime 的商业利益，因此，Uptime 要求 TIA 停止使用 Tier 这个词以及相应的分类等级系统。双方也于 2014 年同时发布公告，TIA 将在 TIA—942 标准中删除原属于 Uptime 的专业词汇"Tier"，以避免带来概念混淆与行业混乱。随后，TIA 将其分级改成 R1 ~ R4，即 Rated 1 ~ Rated 4。

2.1.5 数据中心的能耗

1. 数据中心电费

根据用户的用电性质，我国电网公司一般将用电分成四大类：居民生活用电、一般工商业用电、大工业用电和农业生产用电。

对于大型的数据中心园区，受限于园区电力需求规模、自建变电站的要求以及供电电压等级等因素，一般选择大工业用电。

大工业用电一般实行两部制电价。简单来讲，大工业用电就是我们每个月需要交纳电力设施的占用费用，称作"容量电费"（对应电价表中的基本电价，但部分地区可按实际用电容量缴纳）；除了容量电费，还需再按照一个相对低的电价交纳实际使用的电量的电费，这部分称作"电度电费"。容量电费与电度电费的总和，就是每个月需要交纳的总电费，这种计量方式也被称为两部制电价。

电度电费相对比较简单，经过峰、谷、平三个时段，按权重综合测算后即可得出电度电价。容量电费相对复杂些，可选择两种方式计费：

方案一：按变压器总容量计算，总容量×X 元/千伏安·月，即为每月要缴纳的基本电费。

方案二：在变压器总容量之内，确定一个最大需量，最大需量可以自己报，但必须至少为所申请的变压器总容量的 40%，每月实际用电量不超过最大需量时，按最大需量×Y 元/千瓦·月（Y 通常比 X 大）计算；如实际使用超过申报的最大需量，超过部分需按 Z 倍计算（Z 一般大于 1）。

2. 标准煤折算

数据中心运行所需要的电量，到底该怎么折算成标准煤呢？有个简单的公式：

折算标准煤 = 机柜总功率×PUE×时间×同时用电系数×折算系数

举例：1 万个 2.5 千瓦的标准机柜，PUE（power usage effectiveness，电源使用效率）按 1.25 计算，同时用电系数按 70% 计算。每年运行需要的电量相当于多少吨标准煤？

折算标准煤 = 10000×2.5×1.25×365×24×0.7×1.229 = 23551（吨）

该数据中心年耗电 19163 万千瓦·时。

那标准煤又是怎么回事？

根据国家发展改革委提供的 2020 年数据，1 度电约等于 320 克标准煤。也就是火电厂平均每千瓦·时供电约消耗 320 克煤。为便于统计，其他能源发的电要统一折算成标准煤：

折标准煤系数 = 某种能源实际热值（千卡/千克）/7000（千卡/千克）

标准煤的计算尚无国际公认的统一标准：1 千克标准煤的热值，中国、日本按 7000 千卡（29307 千焦）计算；联合国按 6880 千卡计算。

3. 数据中心的 PUE

自 2007 年 TGG 组织（The Green Grid）提出以 PUE 作为衡量数据中心电能效率的指标以来，它已逐渐被业界广泛接受、认可和使用。

数据中心的 PUE 是评价一个数据中心能源效率的最重要指标。PUE 的计算公式为数据中心总耗电量（total facility energy）与 IT 设备耗电量（IT equipment energy）的比值，即：

$$PUE = Pt/PIT$$

最理想的状态是 PUE = 1，即数据中心总设备能耗等于 IT 设备能耗，其他配套设施没有用电。当然，这个值只能不断靠近 1，而无法等于 1。

数据中心的能耗主要包括 IT 设备能耗、制冷系统能耗、电源系统能耗等。PUE 的主要影响因素如图 2-4 所示。

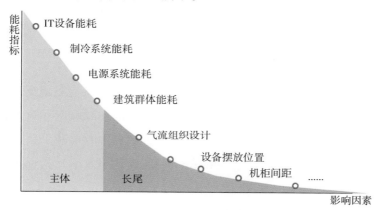

图 2-4　PUE 影响因素

根据考察范围和对象，PUE 指标还可以细化为不同的分项指标。

（1）局部 PUE（partial PUE，pPUE）：局部 PUE 是"数据中心 PUE"概念的延伸，用于对数据中心的局部区域或设备的能效进行评估和分析。局部 PUE 用于反映数据中心的部分设备或区域的能效情况，其数值可能大于或小于整体 PUE。要提高整个数据中心的能源效率，一般要提升局部 PUE 值较大的部分设备或区域的能效。局部 PUE 适用于基于集装箱或其他模块化单元构建的模块化数据中心，或者由多个建筑和机房构成的大型数据中心的局部能效评估。

（2）制冷负载系数（cooling load factor，CLF）：数据中心中制冷设备耗电与 IT 设备耗电的比值。

（3）电源负载系数（power load factor，PLF）：数据中心中供配电系统耗电与 IT 设备耗电的比值。

（4）其他负载系数（other load factor，OLF）：数据中心除 IT 负载、制冷设备及供配电设备之外的系统或设备损耗（如监控、安防）与 IT 设备耗电的比值。

（5）可再生能源利用率（renewable energy ratio，RER）：用于衡量数据中心利用可再生能源的情况。在一般情况下，RER 是指在自然界中可以循环再生的能源，主要包括太阳能、风能、水能、生物质能、地热能和海洋能等。可再生能源对环境无害或危害极小，而且资源分布广泛，适宜就地开发利用。

其中，PUE 与 CLF、PLF、OLF 之间的关系为：

$$PUE = CLF + PLF + OLF + 1$$

虽然 PUE 已被业界广泛接受，但单纯靠 PUE 也无法完整地反映数据中心的资源利用状况。比如，即使是同样的 PUE，火电和绿电所导致的碳排放量也是完全不同的，特别是在"双碳"背景下，数据中心要减少数据中心的碳排放，因此，CUE（carbon usage effectiveness，碳利用效率）指标正在走进大众视野。

为全面合理地评价绿色数据中心工程，TGG 在 2009 年首次提出并引入针对水利用效率进行评价的 WUE（water usage effectiveness，用水效率）指标。用水效率作为评价数据中心用水状况的指标，可被定义为数据中心水资源的全年消耗量与数据中心 IT 设备全年耗电量的比值，单位为"升/千瓦·时"。

如今，很多大型数据中心工程都选址在北方等气候寒冷、干燥的地区，因此，水资源短缺也是需要考虑的重要问题。

因此，资源是否得到高效利用，其评价体系应该从唯 PUE 论走向 XUE，即包含 CUE、PUE、WUE 等多维指标的评价体系。

2.1.6　数据中心的基本结构

整体来看，数据中心可分为 IT 机房、网络机房及供配电机房（变压器机房、柴油发电机机房、高低压配电机房、电池室等）、冷冻机组机房（也称冷冻站）、监控机房等。典型的数据中心总体结构如图 2-5 所示。

IT 机房是真正实现计算和通信功能的设施，通常布放有一排排的机架（也叫机柜），这也是 IT 设备（服务器、存储设备）、数据通信设备（交换机、路由器、防火墙等）的放置处。网络机房一般特指运营商传输线路的

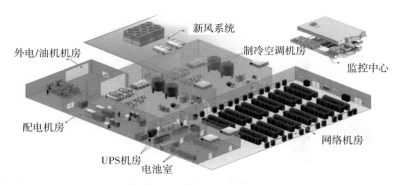

图 2-5 数据中心结构图

进线间。

常见的标准机架高度通常为 42 U（一种表示服务器外部尺寸的单位，1U＝4.445厘米）；机架宽度通常为 600 毫米或 800 毫米；机架的深度有很多种，包括 600 毫米、800 毫米、900 毫米、1000 毫米、1200 毫米等。通常来说，服务器机架的深度比较深，通常为 1200 毫米，而通信设备的深度会浅一些，通常为 600 毫米。

数据中心最基础的主设备就是服务器，它是云端算力的生产者。服务器其实就是性能高一些的计算机，跟我们常用的个人台式机结构基本一致，主要也是由 CPU、内存、主板、硬盘、显卡等组成的，根据服务器面向的领域不同，其配置会有些差异，本书不详细展开。

除了直接为客户提供服务的 IT 机柜，数据中心还需要大量配套设备来保障 IT 设备正常运转。数据中心的配套设施主要包括供配电系统和散热制冷系统，另外还有消防系统、监控系统、新风系统等。

2.2 数据中心供配电系统

数据中心供配电系统主要包括市电引入（10 千伏、110 千伏引入等）、高压变配电系统、后备柴油发电机系统、市电/备用电源自动转换系统（中压切换、低压切换）、低压配电系统、不间断电源系统（uninterruptible power system，UPS）、列头配电系统、机架配电系统，以及电气照明、防雷及接地系统等（如图 2-6 所示）。

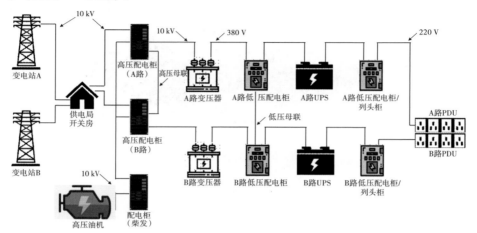

图 2-6　数据中心供配电系统示意图

　　柴油发电机、输入配电柜、输出配电柜、不间断电源系统设备重量大、占地面积大。对于这些设备的摆放，既要考虑功能上的需求，又要考虑空间和承重的需要，还要考虑对外界的危害。

　　数据中心机房供电系统应有独立的高压变电室，低压配电室应靠近 IT 设备机房布置，这样能保证从 UPS 输出到用电设备之间的压降和损耗尽可能地小。

　　柴油发电机房宜设置在地面一层，当发电机房设置于地下层时，应特别注意进出风通道能否满足要求，应注意发电机组储油装置（日用油箱、储油罐）的消防要求。

2.2.1　市电引入

　　一般要求数据中心引入两路市电电源，通常是从电网公司的 110 千伏变电所引入 10 千伏的市电。每一路市电电源的供电容量应能满足全部一/二级负荷的需求，包括 UPS 电源系统、机房精密空调、机房照明、蓄电池充电等。

　　两路市电电源的供电容量应为全冗余，正常时应同时供电运行，两路电源在负荷设备输入端自动切换。

2.2.2 IT 配电系统

根据机房等级要求，数据中心会选用不同的 IT 配电系统。大型数据中心一般会选用"2 路市电 + 2 路 UPS"。由于目前市电的稳定性较高，在已经配备备用发电机的前提下，近年来，互联网公司在自用数据中心建设中比较倾向于使用"1 路市电直供 + 1 路 UPS"或"1 路市电直供 + 1 路 HVDC"的组合。

HVDC 即高压直流，英文全称 high voltage direct current。高压直流是相对通信电源常用的-48 伏低压直流而言的，国内互联网公司（腾讯、阿里、百度等）通常用 240 伏的 HVDC。

通常来说，数据中心的国际、国内标准都对供配电系统的冗余度有具体要求，表 2-1 列举了 Uptime 及 GB 50174—2017 对数据中心不同分级对供配电系统的要求。

表 2-1　数据中心供配电系统要求

等级	Uptime				GB 50174—2017			备注
	Tier Ⅰ	Tier Ⅱ	Tier Ⅲ	Tier Ⅳ	C 级	B 级	A 级	
市电	单路	单路	双路	双路	双路	双路	双路	
UPS 系统配置	N	N + 1	N + 1	2N	N	N + X	2N 或 M（N + 1）	N≤4，M≥2
柴油发电机	N	N	N + 1	N + 1	N	N + 1	N + X	X = 1-N
UPS 电池后备时间	5 分钟	10 分钟	15 分钟	15 分钟	按需	7 分钟	15 分钟	

采用两路 UPS 时，通常会选择 2N 配置，有时也会少量选择 DR（distribution redundancy，分布冗余）配置、RR（reserve redundancy，后备冗余）配置。

1. UPS 2N 配置

UPS 2N 配置就是有 2 组 UPS 互为备份，当 1 组 UPS 出现故障时，另一组 UPS 仍然能保证 IT 设备的正常运行。该配置满足 GB 50174—2017 中 A 级、Uptime 中 Tier Ⅳ 等级的机房要求。UPS 2N 配置架构简单明了，容易实现物理隔离，但设备占用空间多，初始投资稍大。UPS 2N 的具体配置结构如图 2-7 所示。

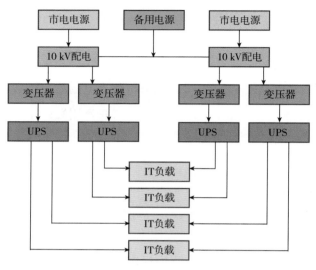

图 2-7　UPS 2N 配置图

2. UPS DR 配置

UPS DR 配置由 N（N≥3）个配置相同的供配电单元组成，N 个单元同时工作。将负载均分为 N 组，每个供配电单元为本组负载和相邻负载供电，形成"手拉手"式的供电方式。正常运行情况下，每个供配电单元的负荷率为66%。当一个供配电系统发生故障时，其对应负载由相邻的供配电单元继续供电（具体配置结构如图 2-8 所示）。

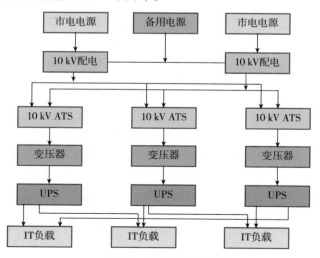

图 2-8　UPS DR 配置图

3. UPS RR 配置

除了 UPS 2N 配置和 UPS DR 配置，还有一种比较少见的 UPS RR 配置。UPS RR 配置由多个供配电单元组成，其中一个单元作为其他所有运行单元的备用。当一个运行单元发生故障，通过电源切换装置，备用单元继续为负载供电。

2.2.3 备用电源

关于数据中心备用电源，GB 50174—2017 规定：A 级数据中心应由双重电源供电，并应设置备用电源。

备用电源宜采用独立于正常电源的柴油发电机组，也可采用供电网络中独立于正常电源的专用馈电线路。当正常电源发生故障时，备用电源应能承担数据中心正常运行所需要的用电负荷。

由于柴油发电机组在可操作性上优于其他备用电源，故大部分数据中心采用柴油发电机组作为备用电源。柴油发电机的配置主要有三种方案。

1. N 系统

N 型数据中心机房供电系统（N 系统）可满足基本需求，没有冗余的发电机。其优点是系统简单，硬件配置初始成本低廉；由于发电机组在设计满负荷条件下工作，因此效率较高。其缺点是可用性偏低，当发电机组发生故障时，负载无保护电源；在发电机设备维护期间，负载处于无保护电源状态；存在多个单故障点。

2. N + X 系统

N + X（X = 1 ~ N）系统并联冗余，是由 N + X 台型号规格相同且具有并机功能的柴油发电机并联组成的系统，配置 N 台发电机组，其总容量为系统的基本容量，再配置 X 台发电机组冗余设备，允许 X 台设备因故障退出检修。

相对于 N 系统，N + X 系统在发电机组配置上有了一定的冗余，系统可靠性有所提高，同时带来了系统配置成本的增加、系统负荷率的降低，从而导致系统整体效率降低。

但是，N + X 系统在成本增加不多的前提下提高了可用性，因此得到了广泛的应用。

3. 2N 系统

2N 系统是指由两套或多套柴油发电机组组成的冗余系统，每套数据中心机房供电系统含 N 台发电机组，其总容量为系统的基本容量。

该系统从交流输入经发电机组直到双电源输入负载，完全是彼此隔离的两条供电线路——也就是说，在供电的整个路径中，所有环节和设备都是冗余配置的，正常运行时，每套发电机组系统仅承担总负荷的一部分。

这种多电源系统冗余的供电方式增加了供电系统可靠性，但设备配置多、成本高。通常情况下，其效率比 N + X 系统低。

2.2.4　配电设备

数据中心的配电设备的主要作用就是电能的通断、控制和保护，最主要的配电设备就是配电柜。

数据中心配电柜分为中压配电柜和低压配电柜。中压配电柜主要是 10 千伏电压等级，向上接入市电，向下接低压配电柜。低压配电柜主要是 400 伏电压等级，对电能进行进一步的转换、分配、控制、保护和监测。

2.2.5　数据中心末端配电

数据中心末端配电的范围指从 UPS 输出配电柜的输出端引出至机柜 PDU（power distribution unit，电源分配单元），供电对象为机柜承载的 IT 设备和服务器。为了提升可靠性，末端通常采用 A/B 双总线对 IT 机柜供电。每条总线单独对应一套 UPS，消除可能出现在 UPS 输出端与 IT 负载端之间的单点隐患。双总线供电方式作为 2N 配置的最后一段，是实现"7 天 ×24 小时"运行的必要条件。

传统的末端列头柜供电方案采用配电列头柜加电缆的配电方式，同时每个机柜配置两条 PDU 插座，通过电缆从列头柜取电。目前，市面上的 PDU 可以分为两类：基本型 PDU、远程型 PDU。PDU 电源插座可直接安装在 19 英寸标准机柜或机架上，它只占用 1 U 的机柜空间，可支持水平安装（标准 19 英寸）、垂直安装（与机柜立柱平行安装）。

近年来，末端配电智能母线槽方案已被广泛采用，在此不详细展开。

2.3 数据中心制冷系统

2.3.1 制冷系统的主要构成

计算和存储设备在运行时会产生大量的热量，为保证设备在适宜的运行条件下运行，需要制取等量的冷量将这些热量抵消，制取冷量的系统就是数据中心制冷系统。

目前，降低数据中心冷量通常都是通过空气这一媒介实现的，因此数据中心制冷系统一般也称为数据中心空调系统。

冷量制取可以通过转移外界冷量获得，也可以通过消耗一定能量人工制取。获取外界冷源需要具备特定的自然条件，但消耗能量较少，是制冷技术的发展方向。

目前比较通用的制冷方式是蒸汽压缩式制冷，利用液体在气化过程中吸收潜热使周围温度降低的特性，通过人为创造一定的压力条件获取要求的低温。

典型的蒸汽压缩式制冷过程一般都要经历制冷剂气化、压缩、冷凝和膨胀等状态变化过程，相应的制冷系统一定包括压缩机、冷凝器、节流膨胀装置和蒸发器等四大件及其连接管路，系统内充注制冷剂。制冷系统四大件及其辅助设备和控制安全仪表通过合理方式固定在同一底座上，构成制冷机组。制冷机组与不同的室内外换热介质通过管路系统组合，构成整体的制冷系统或空调系统。

根据室内外换热介质的不同，可以分为风冷（空气）和液冷（水冷）换热。按照数据中心"室外侧散热方式＋室内侧服务器换热方式"的完整命名方式划分，可分为四种类型，其分类方式应该按照图 2-9 所示，两两组合。

由此，我们可以得到更为全面的"室外侧＋室内侧"的冷却类型分类命名

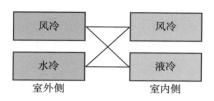

图2-9　风冷与水冷场景定义

方法，分别是：全风冷（如传统 DX 系统精密空调），风冷液冷（如"液冷＋干冷器"），水冷风冷（如水冷冷冻水系统），水冷液冷（如"液冷＋冷却塔"）。

为了便于理解，我们先看一个在当前大型数据中心（特别是在南方地区）中最常见的水冷风冷系统（室外水冷、室内风冷）。如图 2-10 所示，整个系统主要包括以下几个部分：冷冻机组、IT 机房里面的精密空调、数据中心楼顶的冷却塔、水泵。冷冻机组通常采用 N＋1 配置，即 N 台主用、1 台备用；冷却塔与冷冻机组一般配对使用；精密空调一般也会采用 N＋1 配置模式。

此外，还有一些附属设备，包括分水器、集水器、水处理器、补水泵、定压装置、蓄冷罐等，在此不一一赘述。

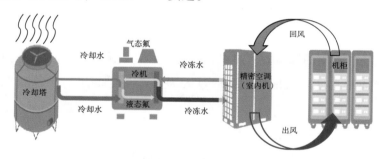

图2-10　数据中心冷却系统结构图

冷冻机组一般集中部署在数据中心的一楼，通过冷冻水管为分布在不同楼层的 IT 机房的精密空调提供冷冻水；同时，冷冻机组通过冷却水管连接楼顶的冷却塔。冷冻水和冷却水在冷冻机组实现热交换，即冷却水通过楼顶的冷却塔降温后流回冷冻机组，然后将 IT 机房回来的高温的冷冻水的热量带走。

精密空调一般分布式安装在 IT 机房，通过冷水主机送来的冷冻水降低热空气的温度，然后将冷空气送到机柜；机柜里面的服务器风扇吸收冷空气并对散热元器件降温，然后排出热空气；热空气再回到精密空调或排出室外。

目前，数据中心的制冷系统的主流是采用水冷散热方式，也有部分采用风冷散热方式。这里所指的水冷散热，是指冷却水通过冷却塔降温再回到冷冻机组这个循环。采用风冷散热，就没有冷却水那个循环了，也就没有了冷却塔这个装置。不管是水冷散热还是风冷散热，对精密空调而言，出来给机柜中设备降温的其实都是冷空气。目前，对大型数据中心而言，基本都是采用水冷散热方式，因为采用水冷散热比风冷散热大约节能35%。

当条件有限（如没有地方安装冷却塔或没有水）时，使用风冷散热的传统系统也是可以的。

数据中心制冷技术不断演进，如图2-11所示。

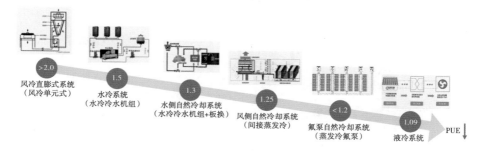

图2-11 数据中心制冷演进趋势

中小型数据中心普遍应用风冷方式，而大型数据中心普遍应用水冷方式。随着行业的发展，在国内数据中心相关节能政策和标准中，多次提及对自然冷源的利用。数据中心自然冷源被认为是目前最行之有效和最节能的方式之一。

自然冷源的利用主要包括风侧自然冷却、水侧自然冷却、氟侧自然冷却三种主要形式。此处不再展开。

2.3.2 冷冻机组

冷冻机组（有的地方也称冷水机组）是指能生产冷冻水的机械制冷设备。冷冻机组为冷却民用建筑而生产的冷水温度一般为7℃，若用于冷却数据中心机房，此温度明显太低。较高的水温能够减少机房的加湿负荷，提高空调的显热比指标，具有很大的节能潜力。但是，冷水温度较高的缺点是会加大空调末端换热器的配置规格。

冷冻水可以是 100% 的水或水与乙二醇的混合物（如管路位于有冻结危险的区域时）。当水中有乙二醇或添加剂时，冷冻机组的容量会有所衰减。

冷冻机组一般分为 4 部分，分别是压缩机、冷凝器、蒸发器和节流阀（膨胀阀）。冷冻机组的工作原理如图 2-12 所示，其中：

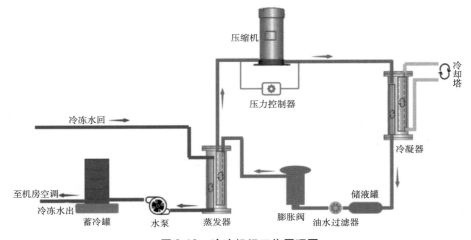

图 2-12　冷冻机组工作原理图

（1）压缩机是为氟利昂循环提供动力的主要元件，也是冷冻机组的能耗部件，一般由电机驱动，常见的有螺杆压缩机和涡旋压缩机。

（2）冷凝器的主要作用是为氟利昂换热提供条件，压缩机排出来的氟利昂为高温高压的气体，氟利昂在冷凝器中冷却为低温高压的液体。冷凝器的冷媒一般有水冷和风冷两种形式，水冷形式会连接室外的冷却塔。

（3）蒸发器的主要作用是为氟利昂的蒸发换热提供条件，氟利昂从高温液态流过节流阀后再蒸发，通过蒸发吸收冷冻水（有时候不一定是冷冻盐水，也可能是乙二醇等其他冷媒）中的热量，从而完成一个制冷的过程。

（4）节流阀（膨胀阀）的主要作用是控制氟利昂的流量，一般安装在储液桶和蒸发器之间，膨胀阀使中温高压的液体制冷剂通过其节流成为低温低压的湿蒸汽，然后制冷剂在蒸发器中吸收热量，达到制冷效果。

2.3.3 精密空调

精密空调，也称为机房空气处理装置（computer room air handler, CRAH）。

顾名思义，这种空调系统的运行具有明确的精度要求，包括温度、湿度、清洁度等方面，以满足计算及存储设备对环境条件的运行要求。

数据中心机房中使用的精密空调具有高显热负荷能力，往往具有良好的温度控制和加湿能力，并提供精确和稳定的冷却能力，配有适当的过滤器，不仅可以保护空调设备本身，还可以为计算机房提供足够的过滤。精密空调的设计和制造适用于连续运行，它们通常具有非常好的监控接口功能，便于远程监控各种参数。

一般而言，IT 机房内都会设有活动的高架地板，精密空调将冷空气从底部吹出，并将气流吹入高架地板下，这将在地板下产生压力。有的地板砖带有穿孔，允许带有压力的冷空气进入计算机房。但也不能放置太多的多孔地板，因为这会限制冷却 IT 设备所需的空气量（一般小于 15%），使得地板下的静压箱保持一定压力。典型的下送风气流组织如图 2-13 所示。

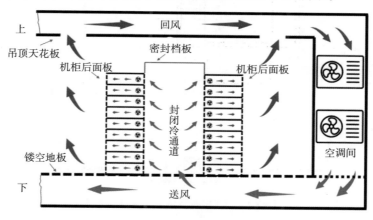

图 2-13 数据中心气流组织图

当没有活动地板时，冷空气从侧面或顶部冷热风管道直接提供给机架。

传统的制冷都是房间级的，由精密空调对整个机房进行空调制冷。但这种方式的制冷路径太长，效率太低，无法满足高功耗设备的散热需求，能耗也很高。为了提高单机柜的制冷效率，出现了列间空调（有的地方称之为行间空调），可理解为将精密空调"划小"，直接将其装在机柜边上，为周边的1个或几个机柜提供冷空气。

当前，很多数据中心是在原有建筑的基础上进行改造。此时，因为建筑层高不够高的原因，无法设计太高的地板下的风箱，而列间空调不失为一种好的解决方案。

机柜级散热以一排机柜为对象进行风道设计。使用这种方式，气流路径明显缩短，散热效率很高。

2.3.4　冷却塔

冷却塔是将循环冷却水在其中喷淋，使之与空气直接接触，通过蒸发和对流把携带的热量散发到大气中的冷却装置。典型的冷却塔原理如图 2-14 所示。

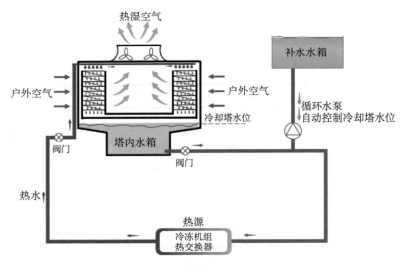

图 2-14　冷却塔循环工作原理示意图

由于冷却塔需要有环境空气进出的通路，所以通常设置于室外，一般在屋面或架高平台上。设有冷却塔的数据中心机房空调系统应有补水储存，以避免冷却塔在市政停水时失水。在大型空调系统中，冷却塔通常选用横流塔，每台冷却塔由若干相同模块组成，根据空调负荷和室外温度灵活控制，并配置风机变频调速,能起到很好的节能效果。

2.3.5 水泵

冷冻水空调系统中主要的水泵包括冷冻水循环水泵和冷却水循环水泵,泵系统设计应考虑节能、可靠性与冗余度。在满足安全要求的情况下,水泵配置设计时通常可配变频调速装置,并采用高效电机,其节能效果很显著。

2.4 数据中心智能运维平台

2021年7月,工信部出台的《新型数据中心发展三年行动计划(2021—2023年)》明确提出,"聚焦新型数据中心供配电、制冷、IT和网络设备、智能化系统等关键环节,锻强补弱"。政策引导数据中心运维管理向智能化发展,产业界对智能运维的关注度也越来越高。

2.4.1 智能运维系统架构

大型数据中心的智能运维平台一般由基础设施管理系统(data center infrastructure management,DCIM)及动环监控系统、空调群控系统、智能配电系统、安防系统、视频系统、消防系统等多个监控子系统组成,各监控子系统独立运行。

因数据中心有向大型化、规模化、智能化方向发展的需求,加之还有客户管理的需求,数据中心智能运维平台逐渐成为大型数据中心的标准配置。

数据中心的租户自有监控平台提出的基础设施对接需求通常会通过智能运维平台统一对接,以减少各监控子系统接口的对接工作量。

图2-15为联通某子公司开发的"天脉数据中心管理平台"的系统架构图,其南向接口将各数据中心的集中平台或子系统统一映射成平台模型。同时,平台预留SNMP、ModBus、B接口、C接口、OPC以及BACnet等功能接口;预留北向数据接口向第三方运维平台提供数据;平行接入用户资源管理平台、信息安全管理系统与综合网管平台,实现对基础设施资源与网络资源的统计分析。

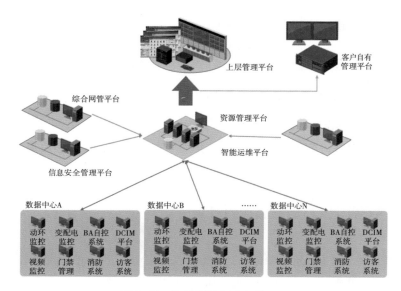

图 2-15　智能运维平台架构

2.4.2　系统架构

大型数据中心必须考虑接口数据转发的效率，避免管理系统在数据解析、输出中存在的困难。以动环监控系统与智能运维平台对接为例，目前主流的方案有两种：

方案一：是按照数据库对接的方式，采用 C/S 体系结构，在监控服务器上提供一个套接字接口。运营商常采用此种方案。

方案二：采用 SNMP 协议，通过统一的报文结构和字段发送数据。互联网公司常采用此种方案。

数据库对接是将数据汇集后统一传送，而 SNMP 则是分散传送、分散接收，且支持主动报送。所以，SNMP 更适合数据量大且对实时性要求高的场景。在实测中，数据库对接告警延时在 10 ~ 20 秒左右，而 SNMP 对接告警延时在 3 秒以内。

2.4.3　组网结构

数据中心内通常采用一套网络系统管理，过多的物理网络会影响 DCIM

系统与跨网子系统之间的互联互通，也会增加集中维护的难度。

网络按照架构分层清晰、故障处理方便、单点故障不影响整体运行的原则进行统一规划及建设，楼层弱电间放置的上百台盒式交换机应尽可能减少路由配置，端口隔离可通过二层 VLAN 隔离。

2.4.4 主要子系统介绍

1. 动环监控系统

动环监控，就是动力监控和环境监控：动力监控主要包括机房的全部电源设备，如供配电系统、柴油发电机组、配电柜、UPS、直流电源系统、蓄电池等；环境监控主要包括温/湿度、漏水、普通空调、新风机、烟雾、有害气体等。

动环管理系统架构一般可分为基础设施、数据采集、系统管理三层。基础设施层一般包括配电柜、UPS、空调以及温/湿度、水浸、氢气等最底层的传感器，传感器通过标准 ModBus 协议接入 FSU（field supervision unit，现场监控单元）。FSU 通过连接各种电源、空调等智能或非智能设备以及各种环境量的采集器完成对监控对象的数据采集，并且能接收监控对象的告警数据（包括事件），并周期性地通过交换网络上报监控中心服务器。同时，FSU 随时接受并快速响应来自监控中心服务器的命令。

2. 空调群控系统

空调群控系统是楼宇自动化系统（building automation system，BAS）的核心。空调是能耗大户，为此，BAS 一般将空调系统作为监控的重点，往往投入 60% 以上的监控点。考虑到投资，部分中小型项目常常将 BAS 系统仅仅用于空调系统。BAS 以 BACnet、ModBus 等协议对设备信息进行采样。该系统不仅能实现告警监控，还能实现设备的自动化最优配置，达到精确供冷及节能的目标。其功能包括：根据湿球温度自动选择自然冷源或机械制冷；根据温差自动控制冷冻泵、冷却塔风扇频率；根据出水温度选择与负载匹配的风扇、水泵及冷机开启数量等。

3. 配电监控系统

传统的配电监控系统一般用于监控高低压配电设备、变压器及电容器等运行状态，允许通过远程的方式遥控开关、变压器档位，对保护故障进行复归。因对安全、响应及保密要求更高，配电监控系统使用专用协议，配置单独的管理型工业以太网交换机，网络也需要物理隔离。

配电监控可在负荷搬运、一键处理等自动化方面进行处理。外市电停电时根据业务负载功率，启动与之匹配的柴油发电机组数量，缩短故障应急时间。针对不同事件场景，配电监控可以通过预先设计的程序实现一键处理功能。

4. 安防系统

大型数据中心因占地面积大，室外蓄冷罐、油库等设备数量多，蓄冷罐登高安全及油库防火安全成为园区重点安防对象，在具备传统的门禁和视频功能外，还需考虑在室外及公共区域增加入侵报警、电子巡更、停车管理等，从而建立多功能、全方位、立体化、有保障的安防管理体系。

5. 视频监控系统

在视频监控系统中，一般公共区域会归于安防，机房内区域会归于动环监控。目前，针对不同场景及安保等级，视频监控存储主要有以下三种模式：

（1）本地 NVR 存储模式：即采用一台 NVR 存储摄像头的内容，单个 NVR 根据存储时长要求配置不同容量的硬盘，并进行 RAID 配置。该模式适用于小型场景，优点在于单个 NVR 故障影响较小，可以快速扩容和部署；缺点在于不同的 NVR 摄像头无法并行回看，需逐一访问，无法做到集中管理。

（2）"管理服务器 + 存储设备" 模式：即配置专用管理服务器，摄像头将视频码流传输到管理服务器，由服务器传到存储磁盘阵列或其他存储设备。该模式一般适用于大中型场景，优点在于集中管理，且多部摄像头可在一屏显示；缺点在于需要根据摄像头数量对管理服务器进行扩容，避免出现视频记录丢失的情况。

（3）视频云存储模式：即在云端配置存储资源，所有摄像头码流通过专线网络传输到云端进行储存。该模式适用于无法进行本地存储的场景。

大型数据中心摄像头数量多、存储需求大。对于轮巡及回放要求不高的数据机房及电力室，可考虑 NVR 本地存储；而对于公共区域及机房出入口等重点安保场所，需 "7 天 × 24 小时" 值班监控的区域，可考虑管理服务器。

6. 消防系统

消防系统主要联动的信号有关闭防护区域的风机及风阀，停止通风和空气调节系统；关闭防护区域的门、窗；启动气体灭火装置及指示灯等。

7. DCIM 系统

DCIM 系统的主要功能模块有容量管理、能耗管理、资源管理、告警分级及收敛等。

对于电力和制冷容量管理来说，在设计阶段就要考虑未来管理的颗粒度：智能设备越多，监控点位越多，系统就越复杂。为了准确测量机柜的功耗，需要通过智能 PDU 或者具备分路电流采集的列头柜采集该机柜的输入电流和输入电压；为了准确计算 PUE，则需要采集市电输入总电能和 IT 用电功耗；为了合理控制容量风险指导设备上下架，需具备需量计算功能，呈现实时值、平均值及峰值，还需要机柜级、列头柜级各层级的容量数据协同管理。为了准确计算冷水机组的 COP，则需要测量冷冻水流量、供回水温度和机组功耗。

大型数据中心告警收敛功能尤为重要。告警收敛就是在停电或开关跳闸的大量告警中，根据上下级设备逻辑管理，参考各类事件测试告警清单，通过算法筛选过滤无关数据，提示维护人员处理源头问题的功能。

2.5 数据中心网络系统

前文介绍了数据中心供配电、制冷等基础设施及配套系统，但数据中心中真正提供算力的是 IT 服务器，成千上万的服务器要整合成高算力，离不开网络。这里说的网络包括同一数据中心内部的网络、连接多个数据中心的网络以及接入互联网的网络。

2.5.1 数据中心内部网络

1. 数据中心三层网络架构

面对日益庞大的计算规模，数据中心内部网络广泛采用"胖树"（fattree）网络架构（如图 2-16 所示）。

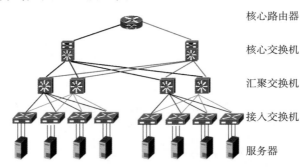

图 2-16　数据中心三层网络架构图

"胖树"网络架构分为三层：

（1）核心层：用于汇聚层的互联，并实现整个数据中心与外部网络的三层通信。

（2）汇聚层：用于接入层的互联，并作为该汇聚区域二、三层的边界。各种防火墙、负载均衡等业务也部署于此。

（3）接入层：用于连接所有的计算节点。通常以机柜交换机（top of rack，TOR）的形式存在。

TOR 交换机是数据中心领域的常见名词，顾名思义，就是"机架顶部交换机"。这类交换机是数据中心最底层的网络交换设备，负责连接本机架内部的服务器以及与上层交换机相连。事实上，机架交换机并非一定要安放在机架顶部，而是既可以安放在机架顶部，也可以安放在机架的中部或底部。之所以通常安放在顶部，只是因为这样最有利于内部布线。

2. 数据中心叶脊网络架构

为了提高计算和存储资源的利用率，服务器开始采用虚拟化技术，网络中开始出现了大量的虚拟机。与此同时，微服务架构开始流行，很多软件开始推行功能解耦，单个服务变成了多个服务，部署在不同的虚拟机上。虚拟机之间的流量大幅增加。

此时，数据中心的流量走向发生了巨大变化：这种同级设备之间的数据流动，我们称之为"东西向流量"；而那种上上下下的垂直数据流动，称为

"南北向流量"（如图 2-17 所示）。

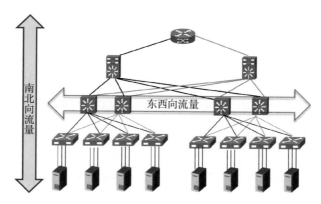

图 2-17　数据中心网络流向图

东西向流量其实也就是一种"内部流量"，其大幅增加会给传统三层架构带来很大的麻烦——因为服务器和服务器之间的通信需要经过接入交换机、汇聚交换机和核心交换机。这就意味着核心交换机和汇聚交换机的工作压力不断增加。

要支持大规模的网络，就必须有性能好、端口密度大的汇聚层核心层设备，这样的设备成本非常高。为了适应这一发展趋势，产生了数据中心内部网络广泛应用的"Spine-Leaf 网络架构"，也就是叶脊网络架构（Spine 的中文意思是"脊柱"，Leaf 则是"叶子"）。相比于传统网络的三层架构，叶脊网络更加扁平化，变成了两层架构（如图 2-18 所示）。

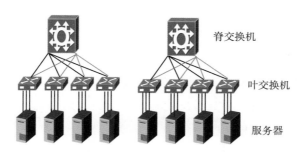

图 2-18　数据中心叶脊网络架构图

叶交换机相当于传统三层架构中的接入交换机，作为 TOR 直接连接物理服务器。如果两个叶交换机下的服务器需要通信，则需要经由脊交换机进行转发。

脊交换机相当于核心交换机。在叶交换机和脊交换机之间，可动态选择多条路径。脊交换机下行端口数量决定了叶交换机的数量，而叶交换机上行端口数量决定了脊交换机的数量。它们共同决定了叶脊网络的规模。

叶脊网络具有带宽利用率高、东西向网络延时可预测、扩展性好、安全性和可用性高的优势。叶脊拓扑网络从 2013 年左右开始出现，很快就取代了大量的传统三层网络架构，成为数据中心内部网络的主流。

Google 的第五代数据中心架构 Jupiter 大规模采用了叶脊网络，其可以支持的网络带宽已经达到 Pbps 级。Google 数据中心中的 10 万台服务器的每一台服务器都可以用任意模式以 10 Gbps 的速度互相通信。

3. 数据中心 SDN 网络架构

传统数据中心网络由若干个物理设备（比如路由器、交换机和防火墙等）组成，本质上还是一个一个的单独的"盒子"，而且这些"盒子"之间通常存在着复杂的网络关系：一旦其中一个节点发生了问题，可能会影响整个网络。随着数据中心的快速发展，数据中心网络也发生了较大的升级，进入SDN 网络。

SDN 是一种网络架构，其从根本上改变了我们如何设计、管理和运营整个网络，让网络变得更加灵活、可靠。传统的网络交换机和路由器的转发表都在本机上，即网络设备自己决定流量如何转发。这样在每次添加新的业务/服务时，必须由网络工程师花大量时间来进行单独配置。显然，传统网络缺乏灵活性，难以适应新业务/服务快速上线的需求。

SDN 的出现很好地解决了上述问题，其通过将数据层面和控制层面分离，让传统的物理网络设备不再具备决定转发的能力，而是统一交给上层可以理解整个网络拓扑的统一控制器。

借助这个控制器，网络工程师就可通过软件的方式实现新业务的转发策略。即使这个网络工程师经验不够丰富，也能快速且无风险地完成业务部署，而且部署时间也能显著减少。

除了 SDN 之外，网络功能虚拟化（network functions virtualization，NFV）同样重要。此前，NFV 被认为是 SDN 的一种实现方式；如今来看，它更像是与 SDN 互补的技术，或者说基于 SDN 可以带来更大的价值。NFV 聚焦于网络应用，包括监控、内容分析、安全控制等。以往，这些功能都需要单独的硬件盒子，如今则只需要通过标准的硬件设备即可支持这些功能，而且也让业务部署变得更加迅速。

SDN/NFV 的引入及部署使未来的数据中心网络变得更灵活、更有弹性，同时通过 API 加强了网络的可编程性，将网络的控制权最终交给了客户，最终实现彻底颠覆传统网络。新业务的配置将变得简单，新业务上线速度也将加快，而且可以更好地支撑云应用——实现网络自动化配置。

2.5.2 数据中心接入互联网

前文说到，数据中心英文叫 IDC 而不是 DC，主要是因为现在的数据中心普遍都接入互联网，以承载互联网业务为主。国内的数据中心，不管是运营商建设的数据中心，还是第三方独立建设的数据中心，通常以互联网专线的形式接入互联网，接入专线的路由方式可以是静态路由或 BPG 路由。当然，也可以同时接入多家互联网骨干网运营商（中国电信、中国联通、中国移动）的网络。

先简单介绍一下 BGP（这个概念在后面还会经常提到）：对数据中心场景而言，BGP 就是单个 IP 地址多线接入，通常是拥有自己 IP 地址和 AS 自治域的 IDC 客户（或第三方 IDC 运营商）通过 BGP 协议分别向互联网骨干网运营商申请端口进行多线互联，这时，该 IDC 客户与三大骨干网运营商互联的带宽就是 BGP 带宽。

为了让大家更容易理解，先说说互联网是如何组织和工作的。

1. 互联网骨干网之间的互联

互联网骨干网，主要指国家级互联网业务提供商（也称为 ISP，英文全称 Internet Service Provider），即在全国范围内拥有骨干网的互联网服务提供商，包括第一级骨干网（Tier 1 ISP）和第二级骨干网（Tier 2 ISP）。这些骨干网是国家批准的可以直接和国外连接的互联网。其他的小 ISP 需要与国外互联时，通常都得通过骨干网。

按照互联双方交换信息的方式不同，互联网不同 ISP 之间的网间互联主要以对等互联、不对称互联为主。

（1）对等互联（peering）：对等互联双方无须结算。对等互联存在的前提就是互联对双方的利益相当，能省去烦琐的流量纪录，节省成本。对等互联还可进一步分为两种形式：

①公共对等互联（public peering）：指多个网络间的对等互联关系。

自 2000 年开始，原信息产业部（现工信部）在网络资源相对集中的北京、上海、广州分别建立了国家级交换中心，强制要求经营性网络全部接入所有 NAP（network access point）点，非经营性网络可以选择接入一个或多个 NAP 点，这就是公共对等互联。根据原信息产业部 2001 年颁布的《互联网骨干网互联结算办法》，NAP 点上的各互联单位（除中国电信、中国网通外）以互联网骨干网流入、流出 NAP 点流量之和的平均值为基础向 Chinanet 和 China169 支付结算费用，其他互联单位之间互不结算。

尽管如此，为了维持其宽带发展上的有利地位，当时大的网络运营商不太愿意提供充足的带宽，导致 NAP 形同虚设，基本处于 24 小时饱和状况，既低效，又占用了大量的长途资源。2014 年，在工信部的努力下，才又增加了郑州、西安、重庆、成都、沈阳、武汉、南京等 7 个 NAP 点。

②专用对等互联（private peering）：指两个网络间存在对等互联关系，一般是两个经营者通过自己的电路直接相联来实现互联。

在国内，由于 NAP 点容量的限制，后起的个别骨干网运营商也采用对等直联的方式与 ChinaNet、China169 互联，但只能访问 ChinaNet 和 China169 网内的资源，不能"穿透"到其他国内和国际的网络，而且要支付结算费用。同时，ChinaNet、China169 之间也主要通过这种方式互联，唯一不同的是电信和联通之间的专用对等互联互不结算费用。

（2）不对称互联（transit）。在此模式下，一个骨干网为了进行互联，向另一个骨干网付费，双方实力相差悬殊，常见于上级 ISP 与下级 ISP 之间，或国外互联网与国内互联网之间的互联。提供服务的一方有义务向另一方开放全部路由，即业务是"完全穿透"的，可以透过转接方进入其他骨干网。这是一种典型的"提供者—用户"的商务关系，用户（通常是较小的网络运营商）通过向提供者（通常是较大的网络运营商）支付转接互联费，以购买相关服务。

（3）其他互联方式。

除了对等互联和不对称互联之外，国外还有几种特殊的互联方式。这些模式通常根据互联双方的谈判结果来确定：

①部分对等互联（partial peering）：即一方 ISP 只用自己的部分网络与另一方 ISP 建立对等互联（这种方式在南美洲和欧洲比较盛行）。

②付费对等互联（paid peering）：由于欧洲有很多不同类型的 ISP，所以常采用有结算的对等互联方式，即双边付费结算模式（bilateral settlement）。

③部分不对称互联（partial transit）：即提供不对称互联的 ISP 只对去往特定方向的流量进行转接（这种连接方式主要应用于南美洲）。

2. 互联网骨干网之间的路由策略

众所周知，国内经营互联网骨干网的运营商主要有中国电信、中国联通、中国移动等基础电信运营商。现以中国电信、中国联通为例，介绍一下不同互联网骨干网之间的"专用对等互联"是如何进行路由组织的。

中国联通与中国电信之间的互联网流量主要分为北京、上海、广州三个区域来交换，具体又可细分为几个场景。跨网流量的路由如图 2-19 所示。

场景一：中国联通大区（分为北方、南方、西部、华东 4 个大区）各省份到中国电信相同区域（分为北京、上海、广州区域）各省份的互联网流量，直接通过北京、上海、广州本地互联电路。例如，中国联通南方大区的广东联通到中国电信广州区域的广东电信互联网流量，直接在广州交换。

场景二：中国联通大区各省份到中国电信不同区域省份的流量，通过北京（"北京 1"或"北京 2"核心节点）到上海、广州的长途互联电路来承载。比如，中国联通南方大区的广东联通到中国电信上海区域的上海电信的互联网流量会先到北京，然后经过北京到上海的长途互联电路转接。

场景三：在有本地互联点的省份，中国联通到中国电信的同一个省份的

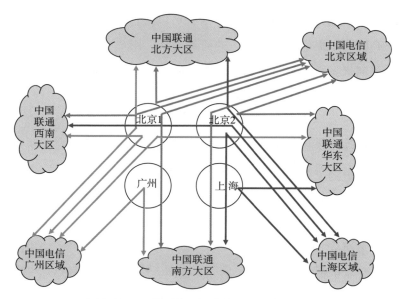

图 2-19　互联网骨干网路由组织示意图

流量通过省份内互联点（如沈阳、郑州、西安、成都、重庆、武汉、南京等）完成交换。反之亦然，中国电信到中国联通的互联网流量情况与上述情况类似。

3. 同一互联网运营商内的 BGP 路由优化

由于 BGP 技术可以为宽带客户提供选择最优路径的功能，从而优化了访问速度（如图 2-20 所示）。

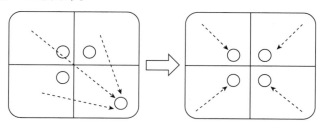

图 2-20　BGP 选路示意图

对 IDC 客户而言，对于面向全国、有低时延需求的互联网核心业务，通常会考虑全国分区域进行多点部署业务，每个区域通过 BGP 接入来实现用户就近访问。互联网骨干网运营商的做法是将全国分成几个大的区域，为 BGP

客户在不同的大区广播相同的 IP 地址段。通过调整 BGP 路由属性，可实现用户路由在大区内就近优选。

4. 国内互联网之间互联的发展历程

我国互联网网间互联的发展经历了如下几个阶段：

（1）通过国外转接。

2000 年之前，我国互联网骨干网之间的互联还要通过美国转接。网络资料显示，早期的 ChinaNet 也仅仅是有 6 个 2 M 国际线路分别连到美国的 Sprint、MCI 和 AT&T，还有两个 128 K 速率的线路分别连到日本和新加坡。

（2）互联网交换中心（network access point，NAP）。

2000 年开始，由当时的信息产业部（现工信部）牵头，陆续在北京、上海、广州建成互联网交换中心。由于接入成员、接入带宽较少，长期以来，实际通过这几个交换中心疏导的网间流量很少（主要原因还是三大运营商缺乏接入动力）。

（3）互联网骨干直联点。

互联网骨干直联点主要承载三大电信运营商的网间互访需求，其他互联单位接入的带宽基本没有。2002 年，在北京、上海、广州建立了第一批国家级互联网骨干直联点。2013 年 12 月，第二批共 7 个（成都、武汉、西安、沈阳、南京、重庆、郑州）国家级互联网骨干直联点获批；2016 年 11 月，第三批共 3 个（杭州、福州、贵阳）国家级互联网骨干直联点获批；2020 年 1 月，呼和浩特互联网骨干直联点获批；2021 年，南宁、济南、青岛互联网骨干直联点获批；2022 年 4 月，长沙互联网骨干直联点获批。

第一批互联网骨干直联点目前承担着网间互联的大部分任务，教育网和部分 IDC 大部分只连接了北上广直连点（即第一批直联点）。第二批及以后的互联网骨干直联点主要承担省内网间互联，基本上只是互联了三大电信运营商。当前，国内互联网网间互联的主要形式还是"互联网骨干直联点"。

（4）新型互联网交换中心（Internet eXchange point，IXP）。

2019 年 10 月，国家（杭州）新型互联网交换中心在乌镇挂牌，2020 年 6 月正式投入使用。至此，一种新的互联方式——新型互联网交换中心出现了。

此后，宁夏中卫、深圳前海、上海临港新型互联网交换中心陆续成立。

互联网骨干直联点较好地解决了公众互联网之间互联互通的问题，但随着消费互联网向产业互联网转型升级，4K/8K 视频、VR/AR、AI 等新业务对互联网网络性能要求急剧提升，中小型网络之间的网间互联需求也逐渐产生、扩大。因此，新型互联网交换中心顺势产生。

与传统交换中心相比，新型互联网交换中心的主要区别在于：新型互联网交换中心是汇集了各类主体的互联互通平台，接入主体从三大电信运营商、教育网等少数几家骨干互联单位扩展到互联网公司、云服务商、CDN 企业、IDC 企业等多类网络主体。

5. 数据中心如何接入多个互联网运营商

数据中心接入一个互联网运营商的情况比较简单，基本就是一条光纤专线，配好 IP 地址后，通过静态路由指向即可。但要接入多个互联网运营商，或者说接入多个互联网骨干网，情况就稍微复杂一些。对于这种情况，我们称之为 IDC 多线技术。通过 IDC 多线技术，用户调用数据中心中的服务（或算力）时就不用跨运营商。比如，电信用户访问数据中心，直接走电信的互联网骨干网就可以；同样，联通用户访问同一个数据中心，只要经过联通的互联网骨干网就可以。IDC 多线技术避免了跨运营商骨干网导致的网络时延。目前，IDC 多线技术主要有三种具体实现方式。

（1）最简单的多 IP 多线路。

在数据中心中的服务器上安装多块网卡，分别接入中国电信、中国联通、中国移动等不同网络运营商。这种方法在一定程度上提高了不同运营商宽带/手机用户访问网站的速度，但缺点是由于服务器接入的是多网卡，必须在服务器上进行路由表设置，这给普通用户增加了维护难度，并且所有的数据包都需要在服务器上进行路由判断，然后再发往不同的网卡，因此当访问量较大时，服务器资源占用很大。此方案一般是规模较小的数据中心提供商使用。

（2）CDN 方式实现多线路。

CDN，英文全称为 content delivery network，就是多服务器分网托管加智能域名 DNS，实现不同宽带/手机用户都能访问离自己最近网段上的网站，从而避免因为网络问题而影响网站访问速度。现在，绝大部分 CDN 技术在处理静态网站上比较成熟，对于处理交互性很强（如全动态页面）的网站，还不是很成熟。CDN 方案主要作为一种辅助解决方案。

（3）用 BGP 协议实现单 IP 多线路。

BGP 最主要的功能在于控制路由的传播和选择最好的路由。不同的运营商都有自己的 AS 号，全国各大网络运营商多数都是通过 BGP 协议与自身的 AS 号互联的。如果要使用此方案来实现多线，第三方 IDC 运营商就需要在 CNNIC（中国互联网信息中心）申请自己的 IP 地址段和 AS 号，然后通过 BGP 协议将自己申请的 IP 地址段广播到联通、电信、移动等网络运营商。使用 BGP 协议互联后，网络运营商的所有骨干路由设备将会判断到 IDC 机房 IP 段的最佳路由，以保证用户的高速访问。

当然，现在也有第三方 IDC 运营商不用自己的 AS，仅仅是向电信、联通、移动申请对自己的 IP 地址段分别进行静态广播，而且申请的是非全穿透。这样也基本能实现为宽带/手机客户选择最好的路由的目的，但缺点是一旦某家网络运营商的线路断了，该网络运营商的客户将无法访问服务，一般需手动调整路由。随着 BGP 带宽价格的下降，这种方式越来越少用了。

2.5.3 数据中心之间互联

近年来，随着云计算的大规模使用，现在流行的分布式部署不仅要求在同一数据中心内实现扩容和容灾，还要求能实现跨数据中心部署。因此，数据中心之间的数据流量越来越大，对带宽的要求很高。

不同数据中心的客户通过电信运营商的普通 IP 网络实现三层互通相对简单，只要 IP 路由可达即可。对这种方式，也可以这样理解：其实，不同数据中心之间没有直接互联。这里不对数据中心间的三层互联作详细讨论，重点分析一下二层网络互联。

1. 对二层网络的需求

随着云计算及虚拟化技术的应用，对数据中心之间的互联提出了许多新的需求，比如需要二层网络互联。对二层网络的需求，主要有以下场景：

场景一：云主机迁移后，如果目标网络和源网络位于不同的三层网络中，则必须修改云主机的 IP 地址，但很多应用并不允许随意修改 IP 地址。那么，最直接的解决方案就是云主机 vMotion 之后仍然位于同一个二层网络中，即数据中心间存在二层网络互联。

场景二：云集群技术通常要求成员服务器之间通过二层网络互联，当集群规模扩展或考虑到高可靠性，可能将云集群的成员服务器跨站点部署，这就要求数据中心间存在二层网络互联。

场景三：在数据中心扩容和搬迁过程中，在给定时间内，可能只能将一部分成员服务器搬迁至新数据中心，故要求在搬迁过渡期内，服务器不能修改 IP 地址，或者要求和老数据中心的成员服务器组成跨数据中心集群。那么，在这种情况下，数据中心间也必须存在二层网络互联。

2. 数据中心之间的二层互联方案

根据底层物理链路的不同，数据中心之间的二层互联有如下几种方案：

（1）裸光纤互联。

当数据中心间互联方式为裸光纤，即没有架设传输设备时，最简单的就是通过交换机的光模块点对点串接，这种方案风险较大，存在单链路风险。在裸光纤组成的环网中，使用最多也最成熟的是 RPR（resilient packet ring，弹性分组环）或者 RRPP（rapid ring protection protocol，快速环网保护协议）技术。

RPR 作为一种标准协议，主要的优点有收敛速度可达毫秒级别、新节点即插即用，扩容十分方便、带宽利用率高等。但由于它对报文做了一定的改动，以用于识别环路信息，需要专用的硬件支持，部署成本较高。

RRPP 无须额外硬件支持，部署成本比 RPR 低，但其缺点也十分明显，即单环结构中存在阻断链路，带宽利用不充分。目前，除个别运营商城域网之外，RPR 和 RRPP 这两种环网技术的使用场景并不多。

（2）密集型光波复用（dense wavelength division multiplexing，DWDM）。

二层互联方案底层也需要有光纤，也可以称为"DWDM + 裸光纤"方式。DWDM 其实是硬管道，包括 IP 在内的多种协议都可以在上面可以跑，通常用于承载 10 G 或 100 G 颗粒度的 IP 网络。DWDM 具有多种组网方式，可以组成点到点、链状、环状、一点对多点等网络连接。

从使用的角度来看，DWDM 方案的性能是最优的，也是当前最为普遍采用的方案。

（3）基于 MPLS 的 VPLS。

如果数据中心是通过 MPLS（multi protocol label switching，多协议标记交换）网络互联的，则可以用 MPLS L2 VPN 技术构建二层网络。MPLS L2 VPN 包括 VLL（virtual leased line，虚拟租用线路）和 VPLS（virtual private LAN service，虚拟专用局域网服务）两种。VLL 只支持构建点到点的二层 VPN 网络，但它支持多种接入方式（如 PPP、ATM）；而 VPLS 虽然仅支持以太网接入，但可以构建点到多点的二层 VPN 网络。

无论是 L2 VPN 还是 L3 VPN，站点内的私网数据要穿越公网，必然要使用一种隧道技术。VPLS 和 L3 VPN 一样，都是使用 LDP（label distribution protocol，标签分发协议）分发公网标签。

当前，VPLS 是最常见的一种 MPLS L2 VPN 技术，在很多行业都已经广泛部署。

（4）VPLS over GRE。

当多个数据中心间只有 IP 互联网络时，可以借助 VPLS over GRE 来实现二层互联方案。前文提到，VPLS 技术方案本身需要使用隧道，这里只是将隧道技术从 MPLS 改成了 GRE。

（5）基于 IP 网络的 EVI。

基于 Overlay 网络，可以通过 EVI（ethernet virtual interconnection，以太网虚拟化互联）实现多个数据中心之间的异构网络二层互联。EVI 是一种先进的"MAC in IP"技术，用于实现基于 IP 网络的 L2 VPN。

（6）基于 IP 网络的 VxLAN。

随着云计算的发展，同样基于 Overlay 网络的 VxLAN（virtual eXtensible local area network，可扩展虚拟局域网络）伴随着网络虚拟化成为主流。VxLAN 采用"MAC in UDP"封装形式的二层 VPN 技术。关于 VxLAN，在下一章的案例中会详细展开讨论。

在物理链路选择方面，同城数据中心间互联一般会采用 DWDM 直联方式，可以直接向电信运营商租赁 DWDM 通道；也有的客户会直接租赁裸光纤，在裸光纤之上自行架设 DWDM 设备。而由于传输距离远，异地多数据中心之间的互联通常可以选择向运营商租赁大颗粒的 DWDM 通道，或者基于 IP 网络而采用 VxLAN 互联。

2.6　数据中心新技术

面对数据中心的蓬勃发展及绿色低碳的要求，液冷、蓄冷、蓄能电站等技术的应用成为进一步降低数据中心能耗及碳排放的研究领域。

随着 IT 设备功率密度的提升，尤其是人工智能、超算带来的超高功率计算场景，服务器和芯片散热对温控系统的制冷能力和效率提出了更高的要求，因此，贴近热源制冷成为温控系统发展的又一重要趋势。

接下来，我们重点阐述一下其中的两项应用技术：液冷技术和模块化技术。

2.6.1　液冷技术

传统服务器的冷却方式是通过空气进行换热，该技术方案很好地将 IT 设备与冷却设备进行了解耦，从而使得制冷系统形式能够实现多样化，但由于空气的比热容较小，体积流量受服务器进风口大小限制，换热能力有限。在数据中心中，当单机架功率密度接近 20 千瓦的时候，风冷系统就已达到其经济有效的制冷极限。自然而然地，为了提高换热效率，可以采用更高比热容的换热介质、更大接触换热面积、更大的换热体积流量的方案。因此，液冷技术就顺其自然地进入了数据中心领域。

液体冷却技术是一个开放、灵活的制冷解决方案，可以有效满足高性能计算、智能计算、边缘计算等场景对高功率密度的需求，同时对于减少数据中心能源消耗、降低 TCO 有非常明显的优势。

1. 液冷数据中心的优势

具体而言，液冷数据中心主要有下面几个方面的优势：

（1）相较于传统风冷，液冷具备强冷却力，冷却能力是空气的 1000～3000 倍，可实现超高密度制冷，这能大幅降低数据中心 PUE。根据曙光实验室的数据，传统风冷的 PUE 值多在 1.5 以上，而冷板液冷的 PUE 值可小于 1.2，浸没相变液冷的 PUE 值能低至 1.04。

（2）结合相应的运维系统，液冷还能够进行精确制冷，可以实现部件级制冷，温度恒定，保证元器件高性能、稳定工作，这提升了制冷效率，有效降低了制冷成本。运营过程中，液冷没有压缩机与风扇，噪音可低于 50 dB，对周边生态更加友好。

（3）在单位空间方面，服务器不再使用风扇，大大提高了单位密度。在物理空间方面，浸没式液体冷却液可节省 IT 设备 75% 的占地面积。

（4）密封服务器不受振动、空气湿度或空气中粉尘颗粒的影响，设备可靠性提高 50%。即使电子元件在液体中浸泡 20 年，液体的成分和电子设备的质量都不会改变，这显著延长了元件和设备的寿命。

（5）液冷受环境因素影响小，几乎可部署在任何地区，且能够全天候提供稳定供冷，实现高效制冷。数据中心的建设最基本的要求就是普适性，液冷对环境要求极低，只要有电力供应，网络带宽充足，在绝大多数地区都能够部署，具备极强的适应性，符合数据中心的建设需求。

2. 液冷数据中心的几种类型

根据冷却液和服务器接触换热方式的不同，液冷数据中心可分为喷淋式、浸没式和冷板式等几类。

（1）喷淋式（冷媒接触）。

在机箱顶部储液和开孔，根据发热体位置和发热量大小不同，让冷却液对发热体进行喷淋，达到使设备冷却的目的。喷淋的液体和被冷却器件直接接触，冷却效率高；但液体在喷淋的过程中遇到高温物体会有飘逸和蒸发的现象，雾滴和气体沿机箱孔洞缝隙散发到机箱外面，也会造成机房环境清洁度下降，或对其他设备造成影响。

（2）浸没式（冷媒接触）。

由于浸没式冷却方式散热效率较高，可以大幅降低 PUE，近年来得到专家学者及行业用户的重点研究，是数据中心液冷技术的关键分支。

基于换热的原理，换热量的大小由有效换热面积、表面流速、换热对数温差所决定，因此在其他条件相差不大的情况下，浸没式液冷接触换热面积较大，对于表面流速（速度越高，泵功率越大）、换热对数温差要求（要求更大的换热器）方面都会有明显优势。

浸没式液冷就是将 IT 设备完全浸没在冷却液体里实现散热的技术。浸没式液冷系统结构简单，省掉了压缩机等制冷系统的核心部件，省去了原来水冷风冷系统中空气与水的两次交换过程，且系统采用液体充分接触交换的方式，因此很容易实现单机柜 100 千瓦的换热，并实现较低功耗（流速越低，泵功耗越低），PUE 值可达 1.04。

浸没式又可以分为单相浸没式液冷（维持液态）和两相浸没式液冷（液态和气态）。

在单相浸没式液冷中，电子氟化液保持液体状态。电子部件直接浸没在电介质液体中，液体置于密封但易于触及的容器中，热量从电子部件传递到液体中。通常使用循环泵将经过加热的电子氟化液流到热交换器，在热交换器中冷却并循环回到容器中（如图 2-21 所示）。

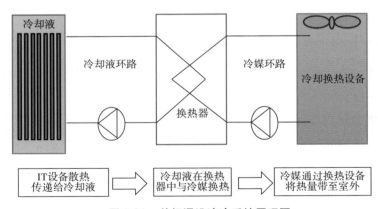

图 2-21　单相浸没液冷系统原理图

在两相浸没式液冷中，通过电子氟化液的沸腾及冷凝过程，可指数级地提高液体的传热效率。电子部件直接浸没在容器中的电介质液体中，该容器密封但易于操作。在该容器内，热量从电子部件传递到液体中，并引起液体沸腾产生蒸汽。蒸汽在容器内的热交换器（冷凝器）上冷凝，将热量传递给在数据中心中循环流动的冷却水（如图 2-22 所示）。

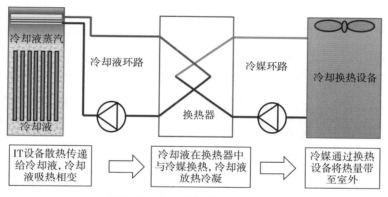

冷却液蒸汽

冷却液

冷却液环路

冷媒环路

冷却换热设备

换热器

| IT设备散热传递给冷却液，冷却液吸热相变 | ⇒ | 冷却液在换热器中与冷媒换热，冷却液放热冷凝 | ⇒ | 冷媒通过换热设备将热量带至室外 |

图 2-22 相变浸没液冷系统原理图

无论是单相还是相变式浸没液冷，其核心制冷要素是将带电状态下的完整服务器或其组件浸没在冷却液中，因此，充当换热介质的冷却液必须是导热能力强但不导电（或具有足够低导电性）的介电液体，这样的介电液体通常不溶（或难溶）于水及其他离子性介质，可最大限度保障其绝缘性不被轻易破坏。同时，其本身在气味、毒性、降解难易度、可维护性等方面对环境和操作人员应尽可能友好。基于以上考虑，目前，在浸没液冷领域应用最广泛的冷却液主要是电子氟化液。

（3）冷板式（冷媒非接触）。

冷板式液冷的技术原理是将换热器就近直接贴合发热部件放置，就近散热。为了提高换热能力，需要尽可能增大换热面积，因此必须尽可能地将板式换热器平整地贴合在热源表面，而异形设备很难采用这种换热形式，只有形状比较规则的芯片才适合采用冷板换热。这也就造成了冷板方案的一大问题：服务器中其余的存储、内存、电源等占服务器整体30%的设备所产生的热量，依然需要采用传统风冷 IT 的方案去散热。

3. 风冷和液冷并存

既然有风冷、液冷之分，那么，同一个数据中心是否可以同时使用这两种技术（即"风液共存"）呢？

实际上，从室内侧和室外侧的散热方式上来理解，都可实现"风液共存"。

从室内侧来理解，"风液共存"指在同一个数据中心，既可以有采用空气冷却的子机房，也可以有采用液冷的子机房。为什么要采用这种结构呢？这是由于目前液冷成本还较高，为了平衡初期投资和 PUE 而采用这种折中方式。水冷液冷制冷的 PUE 值可达 1.09，而采用水冷风冷的数据中心的 PUE 往往高达 1.4 以上，因此，这两种方案混布能够降低成本，达成降低 PUE 的目标。

4. 液冷技术的发展现状

散热能力和效率对数据中心尤为重要。高密度发展趋势，电力、空间和环境等资源的制约，都显著推动了冷却技术的发展。不可否认，浸没液冷是一种非常有效且相对安全的冷却方式，但对于当今整体功率密度还相对较低的数据中心而言，浸没液冷存在"杀鸡焉用牛刀"的应用困境，这是其暂时未能大规模推广的重要原因。同时，除了提供超高散热能力外，因为液体的特殊性和另外一些因素，亦使浸没液冷的应用普及面临挑战，如经济成本、材料兼容性、泄漏风险、机房承重等。

总体而言，对于液冷在数据中心的推广和使用不应一蹴而就，需耐心等待 5G 等新一代信息技术带来的创新应用孵化，助推数据中心功率密度提升，使液冷应用的迫切性更突出。同时，还需培育完善的生态来应对产业发展中面临的诸多制约因素（如成本高昂等）。对于浸没式液冷而言，冷却液及其他相关标准仍是需要研究的重点。

5. 液冷的典型应用案例

阿里巴巴开发的液冷主要采用单相浸没式液冷方案，这种液体冷却系统已经开始商业化。2018 年 4 月，阿里云在其北京冬奥云数据中心部署了全球第一个单相浸没式液冷生产集群（如图 2-23 所示）。

此后，阿里巴巴在其杭州数据中心也部分使用了浸没式液冷方案。整个园区 5 栋楼中，规划了 1 栋采用浸没式液冷方案，整栋楼的 PUE 只有 1.09。每个液冷机柜高达 60 千瓦，可容纳 48 台液冷服务器和 2 台液冷交换机。每个机柜需要使用 600 升的氟化液作为绝缘冷却液，支持设备热插拔，从冷却液

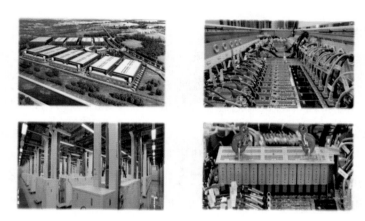

图 2-23　阿里云北京冬奥云数据中心

中拿出的电子设备洁净、干燥，设备保养与维护相对简单。

2021 年 4 月，微软发布消息，称其使用自研的冷却液在位于美国华盛顿州昆西市的 Azure 数据中心采用了双相浸没式冷却技术。据微软发布的消息，双相浸没式液冷可以将服务器的功耗降低 5% 到 15%。

2.6.2　数据中心预制化技术

数据中心建设被认为是一项复杂的建筑工程，其传统建设模式是土建、供电、制冷等工程串行施工，施工流程冗长，并且在实际建设过程中还会受天气、设计变更等的影响，建设周期面临多重不确定性。未来，随着数据中心规模越来越大，无论是建筑形态还是机房形态，只有做到融合极简，才能匹配业务快速上线的需求。

数据中心预制化，简单来说就是将数据中心的结构系统、供配电系统、暖通系统、消防系统、照明系统、综合布线等进行集成，变成一个一个的"积木"。然后，将"积木"运送到现场后，进行简单的吊装、搭建，就可以完成建设和部署。

信息技术的快速迭代及用户对数据中心交付工期要求的缩短，使得传统数据中心建设模式越来越难以满足现实需求，数据中心预制化成为实现数据中心快速建设的关键技术之一。

1. 微模块数据中心

早期的数据中心通常采用"下通风空调，架空地板"的散热方式。简单来说，就是让空调的冷风从架空地板里面（通过地板开孔）吹出，来到服务器的正面，服务器内部的风扇把这些冷气流"吸"到服务器内部进行散热，然后热气流就从服务器背后排出。

后来，为了进一步提高冷气流的利用率，降低空调的电费，有人把机柜和机柜前部的通道进行了密封，让冷气流只在通道里面流动，而不会散失到机房其他区域。这样做的好处是除了更加节能，还在密闭通道里面形成了"冷池"，冷空气可以比较均匀地分布，不会使部分区域因为得不到冷气流而影响服务器的工作。这就是封闭冷通道的方式。与之相比，封闭热通道的原理刚好相反，此处不再详述。

再后来，一些用户把 UPS、电池等供备电设备也放到了密闭通道里面，让它们就近给设备供电，就形成了所谓的"分布式供电"系统。经过不断的改进，微模块（micro module）诞生了。一个微模块几乎包含完整的供电、制冷、备电、消防、监控系统，可以看作一个完整的小机房（如图 2-24 所示）。

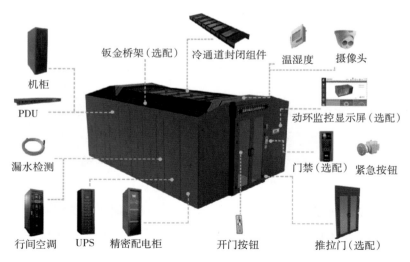

图 2-24　微模块结构图

微模块主要包括了 IT 机柜、空调末端、配电柜、UPS，以及网络、布线、监控和消防等功能单元。整个微模块与基础配套设施（柴油发电机、变配电柜、冷却水塔和冷冻水主机等）通过标准接口对接。

微模块产品设计规范详细定义了每一个设备的规格和容量，真正做到了标准化、产品化。通过标准化的组合套餐，数据中心设计规划变得十分简单：只要确定模块的数量即可。此外，微模块还具有以下优势：

（1）快速部署，缩短建设周期。微模块内的全部组件可在工厂预制，可灵活拆卸、搬运，现场快速组装后投入使用，满足了业务快速部署的需求。

（2）灵活扩容，快速响应业务需求变化。前端配电和冷冻水主管道可以一次性建设到位，预留好开关和阀门接口。微模块可作为一个独立的小型数据中心快速部署投入使用；整个数据中心的规模从一个到几十个微模块不等，根据需求分期建设。

（3）对于服务器机位已全部上满，但电力容量有富余的机房，可以在原规划的基础上增加微模块的数量，对电力和制冷容量进行挖潜扩容，实现资源的最大化利用。

（4）智能运维，绿色节能。微模块数据中心采用列间空调，制冷更为精准，相比传统机房，制冷效率提升 12% 以上。

虽然微模块有着不少优势，但过去几年，微模块数据中心的发展并不快，甚至远落后于数据中心的整体发展，主要原因在于微模块的劣势也比较明显。

比如，数据中心内部的组件并没有统一标准。不同厂家的设备在尺寸和功能上各有不同，这就会导致同一微模块数据中心往往采用一个厂家的设备，这是业主不愿意看到的。另一方面，没有哪个厂家的产品可以覆盖数据中心里的全部组件，如果非要将自家的所有产品都放入微模块中，可能会影响数据中心的整体运行水平。

近年来，因腾讯、阿里等需求大户的业务需求大、上架速度快，微模块部署快、易扩容等优势对其的吸引力就不是特别大了：经过改良，传统的下送风部署方式也能做到单机柜 8 千瓦甚至更高，且建设成本更低。

传统预制模块化数据中心已有多年发展历史，主要还是以小规模及特定场景应用为主。近年来，随着预制模块化理念的成熟及模块化数据中心的发展，预制模块化建筑技术与模块化数据中心的融合程度加深，新一代预制模块化数据中心开始出现——比如，腾讯近年力推的 T-block 差不多将整个园区都模块化了。采用模块化数据中心，大型数据中心的建设周期从 18～24 个月压缩为 6 个月左右。

2. 腾讯新一代数据中心 T-block

腾讯的数据中心经历了以下几个发展阶段。

租赁 IDC 阶段（1998—2007 年）：前 10 年，腾讯数据中心主要以租赁传统数据中心机房为主。这一时期，数据中心主要采用传统低效率的 DX 空调，机柜功率密度低，无冷热通道隔离、存在气流短路等风险。

自建 IDC 阶段（2007—2012 年）：2007 年，腾讯开启了数据中心自建之路，第一个自建的机房为宝安机房，属于典型的旧楼改造项目。该项目分四期建设，先后尝试了大量数据中心技术方案，包括架空地板、机柜内送风、封闭冷通道、风墙、MDC、整机柜等，是腾讯数据中心开展技术积累、研究、创新的重要阶段。2009 年之后，腾讯开始在天津自建数据中心园区，开展大规模的新技术尝试和落地。诸如 240 伏 HVDC、水侧自然冷、风侧自然冷等第二代数据中心技术试点。

第三代数据中心技术 MDC 阶段（2012—2017 年）：2012 年，基于 MDC 的数据中心大园区架构"诺曼底模型"问世，腾讯开启了 50 万～100 万台服务器规模的布局。腾讯开始在一二线城市拿地，探索大规模的微模块数据中心建设，先后规划了上海青浦、深圳深汕、天津滨海以及重庆两江等第三代大型 MDC 数据中心基地。同期，腾讯还在北上广深采用合建模型建设了大量的 MDC 数据中心。

第四代数据中心技术 T-block 阶段（2017 年至今）：2017 年，腾讯数据中心大规模布局环一线城市，在河北怀来、江苏仪征、广东清远等地开展第四代数据中心技术 T-block 的大规模规划、建设，作为腾讯新基建实践的重要技术成果。

T-block 技术有别于传统的旧楼改造模式，可以完全按需定义数据中心的园区规模、建筑形态以及机电产品等。T-block 数据中心的外观如图 2-25 所示。

图 2-25　腾讯 T-block 数据中心

　　典型的腾讯第四代数据中心大园区通常会有几百亩土地，具备良好的扩展能力，甚至配套有可靠的专用变电站，在满足未来业务的增长的同时，也保证了业务的高可靠性。此外，因为是新建建筑，在土建方面可以完全按照数据中心的需求，以装配式预制化建筑的形式来建设，实现标准化设计以及快速建设交付。

　　同样，在机电方面，也可以抛却传统复杂的冷冻水系统和集中式大型UPS 系统，采用更为标准化、产品化的 IT 和中低压模块、间接蒸发冷空调及智维等 T-block 技术，在像搭乐高积木一样快速建设的同时，进一步提升自动化高效运营效率。

　　T-block 数据中心是深度定制的可集群部署、一体交付、超高效率的整体产品化数据中心。物理上分为多个 T-block 功能方舱（box），每种类型的方舱实现特定的数据中心功能。T-block 方舱须便于快速运输，多个 T-block 方舱可按照预定的设计规格在数据中心现场快速拼装就位，形成一个完整的超大型数据中心。

　　T-block 的核心思路在于通过产品化手段解决数据中心建设问题。T-block通过 IT、电力、空调的产品化，结合腾讯数据中心最佳模型及建设方法论，按照搭积木的方式，实现全数据中心的模块化配置及快速建设。

　　T-block 的颗粒度从小到大依次为方舱级（box）、模块级（block）、建筑级（building）、园区级（base），若干方舱形成一组模块，若干模块结合建筑

形成一个机库，若干建筑组成一个园区。

（1）方舱级：由 15 个机柜及配套的不间断电源、电池及配电组成的一列设备。

（2）模块级：由 18 列 box 及配套空调、低压电力方舱组成的一组设备，通常对应一组变压器 2 N 容量对应 IT 规模及空调等配套。其中，通常将 18 列机柜及不间断电源以及配套的冷热通道、共享冷通道、主运输通道以及维护结构的约 20 米×50 米的区域定义为 IT Block。

（3）建筑级：由 8 个 block 及配套中压电力方舱、柴发方舱等，结合标准化的建筑，组成的完整功能的设备集群。通常对应 4 × 10000 千伏的外电容量。

（4）园区级（base）：由 8 个 building 及配套（如综合楼、园区公共设施等，该部分单独用电）等组成的 30 万台设备规模的数据中心园区。

相比于传统大规模数据中心，用户不再需要在现场长时间地大兴土木，仅需保证场地平整即可，甚至可以不需要建筑物。产品设计方案在工厂内完成深化和落地，现场施工周期减少 80% 以上；同时，现场实施过程不会再有传统方案中大量的不同专业间的交叉施工和变更，可大大加快系统交付时间，设备设施质量也将更有保证。

相比于传统集装箱数据中心，T-block 更多的是利用集装箱高标准化对外接口的特点和形态。传统集装箱数据中心的特点在于内部独立集成，适合零散独立部署；而 T-block 可以采用集装箱并柜或钢架结构拼接等多个方式实现。这些特点极大地拓展了 T-block 的应用场景。

除了实现全新的建设方式，T-block 还拥有更加极致的系统能效。比如：

T-block 采用模块化市电直供和模块化 AHU 自然冷却技术实现了低至 1.10 的超低 PUE。以制冷模块为例，T-block 大胆创新地采用国内首台间接蒸发冷却产品机组，同时定制了直接及间接蒸发冷却产品机组。机组可因时制宜从 4 种运行模式中进行选择，以获得最优制冷状态，从而降低系统能耗。实测发现，在 60% 负载、环境温度 20℃ 左右时，在非直接新风模式下，CLF（cooling load factor，制冷负载系数）＜0.1。

相比于传统的配电架构和复杂的冷冻水系统，T-block 高效的电力模块以及 AHU 模块的部署安装更加灵活，这种部件灵活性也将大大降低 T-block 数据中心的维护检修难度。

此外，T-block 数据中心屋面上配置光伏，将光伏与 HVDC 系统结合，光伏 DC 输出、高压直流模块输出、磷酸铁锂电池三者通过电压差设定并网直接给 IT 服务器供电，并实现无缝可靠切换。

2020 年 7 月，腾讯云清远云计算数据中心正式启用。该中心采用腾讯第四代数据中心的 T-block 技术，以标准化、产品化的形式让数据中心像搭乐高积木一样实现快速的建设、交付。T-block 涵盖了中压、低压、柴发、IT、空调、办公等功能模块，支持边成长边投资，也可以根据用户需求来灵活按需配置，并通过腾讯智维平台实现自动化高效运营，平均 PUE 为 1.2。

由于 T-block 技术降低了对机房土建条件的依赖和约束，通过更加绿色环保的装配式钢结构形式实现了主体建筑的低成本快速建设，土建建设周期可缩短 50%。得益于 T-block 高度模块化、标准化的设计理念，通过工厂预制、现场拼装，机电交付周期可缩短 40%，土建机电整体交付周期只需 12 个月（在楼宇就绪的情况下，机电部分扩展最快只需 3 ~ 4 个月），可分期按需扩展，使初期投资下降 30% 以上。

在 T-block 技术的支撑下，腾讯云清远云计算数据中心从土建到机电交付仅用了一年，创造了同等规模数据中心交付的行业纪录。

2.7 "东数西算"与新型数据中心

"东数西算"中的"数"是指数据，"算"是指算力，即对数据进行处理的能力。"东数西算"是通过构建数据中心、云计算、智能计算、大数据一体化的新型算力网络体系，统筹调度东西部数据中心的算力需求与供给，将东部算力需求有序调度到电力资源丰富的西部地区，优化全国数据中心布局，实现全国算力、网络、数据、能源的协同联动。

2.7.1 "东数西算"的背景

近年来，全国数据中心的 PUE 在稳步下降，但与国家要求到 2025 年达到平均 1.30 还有较大差距。为了降低数据中心的高能耗水平，各级政府部门陆续出台了调控能耗的政策。

自 2017 年起，工信部每两年发布一次《关于组织申报国家创新型产业示范基地的通知》，数据中心、云计算、大数据等新兴产业被纳入行业示范基地国家示范范围。工信部的目标是选择具有节能、环保、安全、可靠、服务能力和应用水平先进的大型和超级数据中心。

2020 年 12 月，国家发展改革委牵头发布了《关于加快构建全国一体化大数据中心协同创新体系的指导意见》，要求优化数据中心建设布局，推动算力、算法、数据、应用资源集约化和服务化创新。根据该文件的要求，为加快推动数据中心绿色高质量发展，建设全国算力枢纽体系，国家发展改革委会同有关部门于 2021 年 5 月制定了《全国一体化大数据中心协同创新体系算力枢纽实施方案》。

2021 年 7 月，工信部发布《新型数据中心发展三年行动计划（2021—2023 年）》，计划用 3 年时间，基本形成布局合理、技术先进、绿色低碳、算力规模与数字经济增长相适应的新型数据中心发展格局。到 2023 年底，新建大型及以上数据中心 PUE 降低到 1.3 以下，严寒和寒冷地区力争降低到 1.25 以下。

2021 年 12 月，国家发展改革委、中央网信办、工业和信息化部、国家能源局四部门联合研究制定了《贯彻落实碳达峰碳中和目标要求，推动数据中心和 5G 等新型基础设施绿色高质量发展实施方案》，提出在交通、能源、工业和市政等基础设施的规划和建设中同步考虑 5G 网络建设，优化数据中心建设布局。

2022 年 2 月，"东数西算"工程全面启动，该工程被业界认为是一项开启算力经济时代的世纪工程，这一跨区域调度算力资源的举措堪比"西气东输""西电东送""南水北调"等世纪工程。"东数西算"工程要求在内蒙古、贵州、甘肃、宁夏 4 处枢纽设立的数据中心集群将 PUE 控制在 1.2 以内，在京津冀、长三角、粤港澳大湾区、成渝 4 处枢纽设立的数据中心集群将 PUE 控制在 1.25 以下。

2.7.2 为什么要"东数西算"

数据中心的成本主要分为两大部分：一次性投入的建设成本和长期运营成本。其中，一次性投入的建设成本主要包括土地成本、建筑成本及设备成本，长期运营成本主要包括水电费用、运维成本。

以一次性投入的建设成本为例：西部土地资源丰富，能够大大降低土地取得费，同时有国家政策扶持，相应的土地价格能够得到一定控制。

而在长期运营成本中，数据中心运营所需的水电费所占比例较大，尤其是电费一般可占运营成本的40%左右——在大型或超大型数据中心中，电力费用所占比例更高，可达到长期运营成本的60%左右。因此，如何在运营期间有效地节约电力成本，是数据中心降本的关键所在。

因此，基于对土地资源、电力资源的考虑，将东部的一部分数据放在西部进行处理，是一个全国范围内的整体性资源配置优化工程。

当然，"东数西算"并不是简单地将数据全盘打包带走，而是采取因地制宜模式，将后台加工、离线分析、存储备份等对网络时延要求不高、访问不频繁的数据调度至发电低碳、用电低成本的西部，从而优化东部数据中心资源，以承接时延要求较高的热数据计算。

京津冀、长三角、粤港澳大湾区、成渝4个节点服务于重大区域发展战略实施的需求，将进一步统筹好城市内部和周边区域的数据中心布局，城市内部同时作为算力"边缘"端支撑金融、智慧电力等实时性要求极高的业务需求。贵州、内蒙古、甘肃、宁夏4个节点将被打造成面向全国的非实时性算力保障基地，积极承接全国范围的后台加工、离线分析、存储备份等非实时算力需求，并承担本地实时性算力需求。

"东数西算"本质上是一项长期规划，其基建属性不言而喻，因此，我们看待全国一体化算力网络的视角不能局限于眼前这两年会带来的发展机遇。长远看来，"东数西算"工程将是一个更大时间尺度的整体性系统化工程，未来将形成的全国统一的算力网络将推动产业数字化和数字产业化的转型，催生出新技术、新产业、新业态和新模式，进而推进中国全体系化产业升级。

2.7.3 三大基础电信运营商的数据中心布局

在"东数西算"工程中，电信运营商主要承担"算力"和"运力"两大角色。作为算力基础设施和骨干传输网络的提供者，三大电信运营商近年持续建设了大量资源，且已有的数据中心重点布局区域基本覆盖了"东数西算"中国家枢纽节点的选址、业务定位。三大电信运营商作为算力基础设施和骨干传输网络的提供者，未来可在多个方面参与"东数西算"工程建设。

1. 中国联通

截至 2022 年，中国联通数据中心机架总规模超过 30 万架，承载服务器超百万台，数据中心主要分布在京津冀、长三角、粤港澳大湾区、鲁豫、川陕渝、蒙贵等区域。

下一步，中国联通将由"以 DC 为核心"的资源布局向"以算力为核心"的资源布局转变，围绕国家"东数西算"八大算力枢纽节点，优化"5 + 4 + 31 + X"资源布局。

5：加快京津冀、长三角、粤港澳大湾区、成渝区域四大国家东数枢纽节点高算力、高安全、绿色低碳新型数据中心建设，实现大规模算力部署，满足国家重大区域发展战略实施需要。另外，鲁豫陕通信云枢纽节点按需扩建。

4：发挥能源、气候等自然资源优势，建设蒙、贵、甘、宁四大国家"西算"枢纽节点，提升算力服务品质和利用效率，打造面向全国的非实时性算力保障基地。

31：对于枢纽节点以外的地区，在中心城市积极布局。面向本地区业务需求，结合地方政策、能源供给等实际，以市场需求为导向，按需有序加大发展规模适中、集约绿色的数据中心，服务本地区算力资源需求，提升数据中心资源利用率，保障重点省和重点城市的资源覆盖。新建大型及以上数据中心的 PUE 降低到 1.3 以下，严寒和寒冷地区数据中心的 PUE 力争降低到 1.25 以下。

X：灵活部署"X"个边缘数据中心，单体规模不超过 100 个机柜，主要满足低时延、本地化的边缘云业务需求。围绕"一带一路"沿线国家和地区，尤其是新加坡及其南北两翼的亚太南区域，布局海外热点区域数据中心。

与此同时，中国联通积极将算力网络与计算资源整合，推进架构领先、质量领先、服务领先的算力新网络布局，构建以联通云为算力产品、云网产品为算力网络产品的一体化产品体系，构建软硬一体的异构融合计算平台，开展 GPU、FPGA、ASIC 等高性能算力在联通云的适配接入和对外服务封装，满足高并行、高密度的异构加速计算需求；围绕人工智能领域建设 GPU 专业化集群，提供虚拟化和直通等多种 GPU 算力。

聚焦算力中心，打造基于算网融合设计的服务型算力网络，构建"云网边"一体化能力开放智能调度体系，形成网络与计算深度融合的算网一体化格局，赋能算力产业发展；构建"云网边"一体化能力开放智能调度体系，持续丰富网络 SDN 控制系统及跨域编排能力，推进"云网边"能力的统一协同，实现网络能力和多云及云边算力的协同编排、统一管理、一体化供给和灵活调度，构建"1 个'云网边'一体化算力编排调度平台 + N 个能力开放系统"的云网边一体化能力开放智能调度体系。

2. 中国电信

中国电信是国内数量最多、分布最广、规模最大的数据中心服务提供商，拥有数据中心机架超过 50 万个。中国电信按照"2 + 4 + 31 + X"的结构进行全国布局，该布局与全国一体化大数据中心的国家枢纽节点的选址、业务定位以及核心集群与城市数据中心的分类高度吻合。其中，"2"为位于内蒙古、贵州 2 个枢纽的内蒙古和贵州数据中心园区，定位为全国数据存储备份、离线分析的基地；"4"为京津冀、长三角、粤港澳大湾区和成渝 4 个枢纽的布局，定位为热点地区高密度人口高频次访问的视频播放、电子商务等实时要求较高的业务承载；"31 + X"为包括甘肃、宁夏两个枢纽在内的 31 个省份及 X 个重点城市的布局，重点定位为车联网、自动驾驶、无人机、工业互联网、AR/VR 等超低延迟、大带宽、海量连接的业务。

公开信息显示，中国电信将围绕"东数西算"工程和一体化大数据中心布局，全方位部署数据中心、DCI 网络、算力和天翼云，前瞻性布局算力网络。

在 DCI 网络方面，中国电信打造出业界领先的数据中心高速互联网网络，CN2-DCI、政企 OTN 覆盖所有八大枢纽节点及全国主要城市数据中心，骨干网带宽超过 300 T，建设总长达 32 万千米的"四区六轴八枢纽多通道"光缆网大动脉。

在算力方面，中国电信把握算力需求爆发性增长趋势，在全国范围部署层次化算力，持续提升"2 + 4 枢纽节点"和 31 个省份的规模算力，不断丰富边缘近场算力和客户现场算力，算力总规模达到 2.1 EFLOPS。

此外，中国电信将天翼云升级为分布式云，推出 ACS、ECX、iStack 等边缘云系列产品，加快全栈技术自研，推出自主可控的天翼云平台 CloudOS 4.0 和云服务器操作系统 CtyunOS、分布式数据库 TeleDB，联合技术、应用、服务和渠道生态合作伙伴，打造全栈产品和服务。

3. 中国移动

中国移动拥有数据中心机架 36 万个，主要服务头部互联网企业、政府客户、金融客户等。为落实国家"东数西算"工程部署，中国移动提出优化"4 + 3 + X"数据中心布局。公开信息显示，中卫西部云基地中国移动（宁夏）数据中心建成后将具备 2 万个机架、40 万台服务器的承载能力。该数据中心直连北京、西安、广州、成都、杭州五个方向，已成为国家信息中心设立的国家电子政务"一主三备"西部云备份节点。

中国移动提出，算力网络是以算为中心、以网为根基，网、云、数、智、安、边、端、链（ABCDNETS）等深度融合，并提供一体化服务的新型信息基础设施。算力网络的目标是实现"算力泛在、算网共生、智能编排、一体服务"，逐步推动算力成为与水电一样，可"一点接入、即取即用"的社会级服务，达成"网络无所不达、算力无所不在、智能无所不及"的愿景。

面向社会更广泛的业务需求，算力网络在提供算力和网络的基础上，融合"ABCDNETS"八大核心要素，其中"云—边—端"（cloud—edge—terminal）作为信息社会的核心生产力，共同构成了多层立体的泛在算力架构；网络（network）作为连接用户、数据和算力的桥梁，通过与算力的深度融合，共同构成算力网络的新型基础设施；大数据（big data）和人工智能（AI）是影响社会"数智化"发展的关键，算力网络需要通过融数注智，构建"算网大脑"，打造统一、敏捷、高效的算网资源供给体系；区块链（blockchain）作为可信交易的核心技术，是探索基于信息和价值交换的信息数字服务的关键，是实现算力可信交易的核心基石；安全（security）是保障算力网络可靠运行的基石，需要将"网络 + 安全"的一体化防护理念融入算力网络体系中，形成内生安全防护机制。

2.7.4 国内主要互联网公司及第三方中立服务商的数据中心布局

1. 腾讯

自 2017 年起，腾讯数据中心大规模布局环一线城市。在京津冀枢纽，腾讯在怀来瑞北和东园部署 2 个数据中心，规划容纳的服务器都超过 30 万台，并都已部分投产；在长三角枢纽，腾讯部署了青浦数据中心；在成渝枢纽，腾讯云在重庆部署了 2 个云计算数据中心，其中一期已于 2018 年 6 月投用，可容纳 10 万台服务器，是腾讯继天津、上海、深汕合作区三地之后的第四个自建大型数据中心集群。同时，腾讯正在重庆打造其在西南地区的第一个 Tbase 园区，整体建成后将具备 20 万台服务器的运算存储能力，成为中国西部最大的单体数据中心。

2. 阿里

阿里云张北数据中心于 2016 年 9 月投产，是国内首个采用三点式布局的数据中心集群。所谓"三点式布局数据中心"，即该区域由 3 个相距 20 千米左右的数据中心园区组成，这样做的目的是最大限度地保证数据安全，这和阿里的核心产业（即电商场景）对数据的高级别安全要求有着密不可分的关系。除此之外，阿里在"东数西算"的京津冀、内蒙古等枢纽节点均有数据中心。

3. 百度

一直以人工智能为重要战略的百度，也在数据中心的底层建设上不断进行布局。早在 2015 年 7 月，百度便在山西省阳泉市建设百度云计算（阳泉）中心，依靠太阳能光伏进行发电，是我国太阳能光伏发电的首例应用。2019

年10月，百度在保定同时自建2个超大型云计算中心，分别为徐水智能云计算中心和定兴智能云计算中心。

4. 华为

华为云在中国布局了五大数据中心，其中，贵安、乌兰察布是华为云"一南一北"两大云数据中心。华为云贵安数据中心一期现已投入使用，其被规划为华为全球最大的云数据中心，可容纳100万台服务器，是华为云业务的重要承载节点。目前，该数据中心已承载了华为云和华为流程IT、消费者云等业务。

5. 万国数据

作为国内最大的第三方中立 IDC 服务商，万国数据专注于一线城市，并向省会城市延伸。

万国数据通过提供"多线接入 + 全连接服务 + 标准化 ITO + ICT"等产品服务以及打造"集中化 + 区域化"的两级运营服务体系来获取高价值客户，其金融类客户占其收入的比例高达20%。

近年来，万国数据推出多云连接的全方位解决方案，实现"一点接入，多点入云"服务。万国数据与阿里云、腾讯云、AWS、Azure、百度云、华为云、UCloud 等云服务商实现对接，帮助客户将云上、云下及多个不同公有云的资源以及数据中心实现互联互通。

2.7.5 新型数据中心发展趋势

当前，我国正处于各行业数字化转型的加速期，以数据中心为代表的数字基础设施将迎来更大机遇。数据中心的发展方向是运用绿色低碳技术、具备安全可靠能力、提供高效算力服务的新型数据中心。

1. 布局逐步优化，协同一体趋势增强

受市场内生算力需求驱动及国家相关政策引导，我国数据中心总体布局持续优化，协同一体趋势将进一步增强。在市场层面，中西部地区自然环境优越，土地、电力等资源充足，但本地数据中心市场需求相对较低；东部地区市场需求旺盛，但土地、电力、人员等生产要素成本较高，东西部协同发展逐渐成为趋势。而随着网络质量的优化，中西部将不再仅仅作为进行冷存储的灾备数据中心聚集区，也将承载更多的应用。

在政策层面，我国数据中心全国一体化发展引导增强。同时，内蒙古、贵州等地推出了电力、土地、税收等优惠政策，有效帮助数据中心降低建设运营成本，数据中心建设规模不断增长。未来，"东数西算"工程将进入全面建设期，我国数据中心布局将得到进一步优化。

除地域布局上的东西部协同外，为应对不断涌现的应用场景需求，不同类型的数据中心也在协同发展。我国数据中心产业正在由通用数据中心占主导演变为多类型数据中心共同发展的新局面，数据中心间协同以及云边协同的体系将不断完善。以应用为驱动，多种类型的数据中心协同一体、共同提供算力服务的模式将成为我国数据中心算力供给的重要形态。

2. 创新驱动持续，技术水平不断提升

作为算力服务中枢，数据中心既是数字经济的底座，也是数字技术创新的高地。随着新一代信息技术的不断发展，数据中心正逐渐突破传统机房运营模式的桎梏，产业发展逐渐由资本驱动迈向创新驱动，技术创新将持续活跃。

从基础设施角度看，数据中心是由"风火水电"构成的建筑，早期数据中心建设主要参考建筑、电力、制冷、通信等行业的基建经验，并未专门针对数据中心环境进行创新优化。随着数据中心节能降碳、降本增效、智能运营等要求的不断提升，液冷、蓄冷、储能、高压直流、智能运维等新技术开始应用于数据中心的建设运营，以技术促进数据中心基础设施变革的趋势不断增强。从IT设备的角度看，云计算技术的应用使得数据中心的虚拟化程度不断提高，数据中心与云平台、网络、安全及运营之间的技术联系日益紧密，智能芯片、定制化服务器、分布式存储、SDN、智能运维等IT技术的应用有效地提升了数据中心的服务能力。

可以预见，在未来的发展过程中，基础设施及IT技术创新将不断涌现，数据中心的技术内涵也将变得更加丰富。我国数据中心产业将逐步增强对新技术的应用，利用新技术加速实现节能减排，提升算力服务水平，进一步赋能产业发展。

3. 算网协同加快，泛在算力高质量发展

算网协同是实现算力服务泛在可达、灵活取用的重要途径，同时也是算力基础设施和网络设施融合创新发展的重要形态。

当前，我国算网协同发展尚处于起步阶段，算网协同技术、运营机制及监管体制仍不完善，但算网协同是我国算网设施下一阶段发展的重要方向。在"东数西算"工程背景下，以算网协同为基础，通过算力调度构建全国一体化算力网络，正成为推动全国算力资源优化配置的关键。未来，以"东数西算"为牵引的全国一体化算力网络将逐步建成，并将实现泛在算力的灵活高效调度。

4. 赋能效应深化，数字转型支撑显著

近年来，数字化转型的范围不断扩大、程度不断加深，数据中心产业赋能效应逐步深化。未来，数据中心对产业的赋能主要体现在以下几个方面：

一是多样泛在的算力供给将逐步完善，传统企业"上云用数赋智"的进程将进一步加快。电力、石油、石化、制造等工业领域可通过能源互联网平台、工业互联网平台的建设加速实现"云—边—端"协同，提高企业生产运营效率。

二是随着数字化转型的深入，数据中心将与网络深度融合，形成算网一体服务，更好地为企业发展提供 IT 基础设施支撑。

三是分布式计算、存储及"云—边—端"协同的技术不断成熟，可实现对泛在终端海量数据的快速处理，从而支撑工业互联网和物联网的发展。

四是计算、存储及网络等服务模式将逐步变革，算力可更为深入地融入企业数字化转型的各个方面，全面赋能企业的生产、运营及管理等环节。

5. 低碳要求趋严，助力"双碳"目标实现

"双碳"目标及可持续发展战略将长期驱动我国数据中心产业绿色低碳发展。

在政策方面，我国数据中心政策对能效的要求不断趋严，能效考核指标从以 PUE 为主逐步演变为 PUE、CUE、WUE、绿色低碳等级等多指标兼顾，

未来有可能纳入更多新的能效指标。由此，日趋严格的能耗政策将进一步推动产业全面绿色低碳发展。未来，数据中心将成为支撑各产业数字化发展的引擎，绿色算力应用将全面赋能各行业的数字化转型，全面助力精益生产和绿色发展。

在产业实践方面，数据中心制冷方案供应商将进一步加强新型制冷方案的研究，氟泵、液冷、间接蒸发、自然冷源等制冷技术将变得更加成熟，制冷效率将不断提升。同时，光伏、风电、储能、锂电池等绿色电力和供配电节能技术研发与应用也将不断深入。数据中心绿色低碳技术研发和应用都将得到进一步发展。

2.8 新型数据中心典型案例

2.8.1 项目背景及意义

××数据中心位于广州黄埔区，园区占地约 21 亩，总建筑面积约 2.8 万平方米，建筑地上四层，局部地下一层，总规模为 4000 多个物理机柜。该数据中心外观如图 2-26 所示。

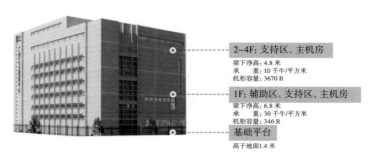

图 2-26 XX 数据中心外观图

××数据中心一层布置动力基础设施和 2 个模块机房，层高 7.8 米。二至四层为业务机房及相应配电支持区域，层高 5.8 米，承重 10 千牛/平方米，局部 16 千牛/平方米。

该项目超前布局，具备高算力、高安全、绿色化、节能化、集约化、高密化、智能化等特点。

××数据中心的高安全体现在物理防护、架构布局、运维管理、网络管理四大方面。其中，在物理防护方面，从园区周界到服务器共设计十重安全防护，保障客户数据的 100% 物理安全；在运维管理方面，引入国际 Uptime M&O 运维安全管理体系，通过国家等保安全管理的高标准考核认证；在网络管理方面，创新采用 SDN 新一代网络架构，自主研发 DDoS 自动防御系统和业务综合监控等系统，构建完善的网络安全保障体系，自主研发的 DDoS 自动防御系统可以实现国内 2 秒、海外 5 秒的全球 DDoS 自动封堵、自动防御。

××数据中心坚持创新驱动，进行技术创新、设计创新，促进产业升级。在节能降耗、低碳减碳领域，围绕数据中心全生命周期技术创新，该数据中心全力助力信息通信行业实现"双碳"目标，推动绿色高效算力基础设施建设，筑牢新基建底座。同时，目前已在该数据中心部署了高算力芯算云平台，可为政府、工业、金融等行业提供高效算力，通过算网协同、数网协同技术实现对数据中心内部高算力的灵活调度，有力赋能国家数字经济发展。

2.8.2 项目主要创新

在规划阶段，××数据中心充分考虑未来 10 年内行业与业务的发展趋势，从设备选型、再生能源应用到高密化、集约化、预制化、模块化的设计理念，以高安全、高能效、高技术为核心，利用 BIM（building information modeling，建筑信息模型）等软件技术进行预制化建设，预先进行标准化设计，工厂组装、集成、预测试，现场即插即用，实现快速安装、快速交付，并减少现场施工带来的安全隐患。

1. 高密化、集约化技术创新及应用

××数据中心共设计 4000 多个 5～8 千瓦的标准机柜（属于大型数据中心），并通过液冷与蒸发多联氟泵技术的运用，使风液联合单机柜可支持 30～

50 千瓦。该数据中心已对冷板式机柜标准集成做了深入的研究，打造行业首例高算力模块单元，单个集成模块单元可以支持 400 千瓦，模块内部署高能效末端为列间模式的氟泵空调，"6 + 12"预制化空间机位，模块单元预留DN25 进出口，双层防水设计有效防止渗漏风险，实现高安全高可靠的业务保障，高算力模块单元综合解决方案，可实现快速部署、灵活扩容、在线插拔对接，而冷板式液冷与氟泵空调的技术应用可使该数据中心空调的系统能效比的整体 PUE 低至 1.2。

2. 预制化技术创新及应用

××数据中心首次采用预制化技术，通过数据中心 BIM 专业技术人员的设计与测试，实现了柴发配套进排风系统、供油系统、消防降噪系统等电气工程的整体设计和预制，使柴油发电预制化更为全面、彻底。

暖通系统工程建设难度系数远高于电气工程，特别是在集约化背景下，系统空调管管径大、管路复杂，施工周期长，现场施工的焊接工艺施工质量较差、现场管理难度大，而空调系统管道施工处于安装工程的关键线路上。

综合历史项目经验及项目进度等因素，本项目制冷机房空调管道考虑采用预制管道进行设计、加工与安装，达到提高安装效率的目的，并在保证项目进度的同时提升工程质量，带来效益上的提升。

3. 高安全、高能效技术创新及应用

××数据中心利用自主研发的高能效系统、智能 BA、集中动环、高安全安防等系统，实现了高能效、集约化的管理，打造出了新一代数据中心高安全生态系统，从物理防护、架构布局、运维管理、网络管理四大方面进行全方位安全可控的防护。

（1）物理防护：采用十重物理安防与系统定位安防相结合的方式，实现全局可视，定位跟踪系统可进行角色分类，全程锁定，联动 CCTV 随时可见，保障数据中心的高安全防护等级。

（2）架构布局：采用全 2N 物理架构，可用性达到 99.999%，已获得CQC 的 A 级数据中心认证。

（3）运维管理：采用国际最高标准进行运维安全管理，获得了 Uptime M&O 运维管理认证，同时由高能效运维系统辅助，可实现对部件级、设备级、链路级、数据中心级的运行状态、关键参数、故障告警等信息的高效管理，帮助运维人员更直观地掌控数据中心的运行状态。

（4）网络管理：基于历史数据，通过神经网络算法，指导数据中心根据当前负载工况按预期进行对应的优化控制，实现最佳能效。

4. 绿色低碳技术创新及应用

本项目充分利用室外自然冷源，应对不同节气的智能调整，运用高达 10 倍效率的氟泵解决行程阻力，真正从本质上解决传统空调系统所固有的压缩机定额功耗、系统行程阻力能耗、温差损耗等三大能耗难题：在广东炎热地区，其最高能效是传统空调的 2 倍，全年综合节能效率比传统空调高 32.45%。氟泵空调全年能效是普通空调的 2 倍以上（应用于老旧数据中心改造时，PUE 可降至 1.2 以下），具备很高的推广价值。另外，针对 AI、超算等 10 千瓦以上的高算力应用场景，也可以对氟泵空调进行灵活改造，以适用于不同场景。

5. 储能技术创新及应用

储能技术是转移高峰电力、开发低谷用电、优化资源配置、保护生态环境的一项重要技术措施。

××数据中心已研究并实施了空调蓄冷技术，即在电网负荷较低的"谷时"采用冷水机组制冷"填谷"，将冷量通过蓄冷罐进行贮存；在电网负荷较高的"峰时"，将储存的冷量释放出来，提供满足空调负荷需要的冷量，实现"削峰填谷"以及全自动充放冷切换。目前，××数据中心已建成 2 个大型蓄冷罐，容量 5000 立方米，每天蓄冷相当于电能 3.7 万千瓦·时，每月电能 111 万千瓦·时，全年可降容 1332 万千瓦·时。

6. 再生能源绿电技术创新及应用

本项目联合高校研发 MEC 多能源安全并网机理与优化调度系统。作为实验基地，本项目联合发电企业就利用再生能源提供长期稳定的绿色电力资源供应进行深入研究，探索利用光伏等清洁能源和可再生能源，提升机房能源利用水平，优化 IDC 用能结构。目前，再生能源供电占××数据中心用电量的 30%，并将在 2026 年实现 100% 再生能源供电。

7. 能效管理技术创新及应用

本项目利用深度神经网络模型进行数据中心能耗的在线监测与 AI 动态分析，深挖节能策略，软硬配合，推动数据中心由制冷走向"智冷"。该系统基于大数据技术，以内外兼并的能效管理模式调节客户机柜动态电力与机柜固态空间的关系，充分利用闲置资源，实现集约化管理。能效分析系统将××数据中心的耗电负荷进行分类管理，分别按照 IT 用电、空调用电、智能系统用电、消防用电、办公用电等能耗单元进行监测，通过用能支路进行计量，将数据采集器上传到能耗监测系统，实现对能耗的在线监测与动态分析。最后，该系统基于底层历史数据与实时数据的对比分析，依靠算法实现自动调节及优化控制，时刻保持最佳能效模式，同时可提供多种可靠的安全性策略，支持断点续传功能，避免数据丢失和迟滞，确保系统运行安全可靠。

2.8.3 入围国家新型数据中心

2022 年 3 月，××数据中心被工信部评为"国家新型数据中心典型案例"。作为绿色低碳方向的大型数据典型案例，该数据中心的核心特点和优势是持续进行节能改造，通过将绿色创新理念融入制冷系统、电力系统、能源系统等方面，实现数据中心的整体高能效运营。在规划、设计、建设及运营各阶段，围绕业务、技术和能源三个领域，多措并举，打造绿色低碳的国家新型数据中心。

本章参考文献

［1］中国数据中心工作组. 2021 年中国数据中心市场报告［EB/OL］.（2021-12-07）［2022-11-10］https://www.sohu.com/a/506171727_104421.

［2］中国信息通信研究院. 2022 数据中心白皮书［EB/OL］.（2022-09-08）［2022-11-10］https://www.sohu.com/a/583313181_121124715.

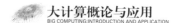
大计算概论与应用
BIG COMPUTING:INTRODUCTION AND APPLICATION

［3］工业和信息化部. 新型数据中心发展三年行动计划(2021—2023 年). ［EB/OL］. (2022-07-21)［2022-11-10］. https://www. 163. com/dy/article/GFE4P36V0518KCLG. html.

［4］广东省工业和信息化厅. 广东省5G 基站和数据中心总体布局规划(2021—2025 年)［EB/OL］. (2020-06-30)［2022-11-10］http://gdii. gd. gov. cn/zcgh3227/content/post_3026281. html.

［5］谢丽娜,邢玉萍,蓝滨. 数据中心浸没液冷中冷却液关键问题研究［J］. 信息通信技术与政策, 2022,48(3):40-46.

［6］华为技术有限公司. 下一代数据中心白皮书(2022)［EB/OL］. (2022-05-30)［2022-11-10］https://dsj. guizhou. gov. cn/xwzx/gnyw/202205/t20220530_74436549. html.

第三章　云计算
CHAPTER THREE
—

　　云计算是数字经济的新引擎，是当前应用最广泛的基础算力资源。本章围绕云计算的发展历史、趋势、关键技术及应用实践展开论述。

3.1 云计算概述

3.1.1 云计算定义

美国国家标准与技术研究所（NIST）对云计算的定义被广泛采用：云计算是一种模型，它可以实现随时随地、便捷地、随需应变地从可配置计算资源共享池中获取所需的资源（例如网络、服务器、存储、应用及服务），资源能够快速供应并释放，使管理资源的工作量和与服务提供商的交互减小到最低限度。

维基百科对云计算的解释更加精简一些：云计算是基于网络提供的按需的、共享的、可配置的计算以及其他资源。

无论 NIST 和维基百科如何定义云计算，云计算的核心目标或本质都是对资源的管理：最初，其主要管理计算资源、网络资源、存储资源等三种资源；后来，逐步演变成从商务、资源到技术架构的全面弹性；再后来，云服务商不再只是为客户提供资源，而是提供端到端的能力。

3.1.2 云计算的服务分类

前文提到，云计算的目标是对计算、存储、网络等资源的管理，以求达到资源利用效率的最大化。因此，从服务的角度来说，云计算主要包括三层架构：IaaS、PaaS、SaaS（如图 3-1 所示）。

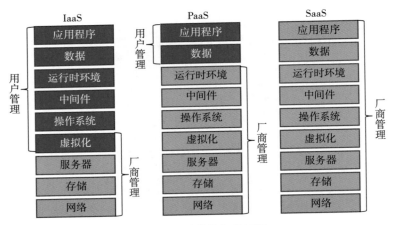

图 3-1　云计算服务分层图

1. IaaS（基础设施即服务）

IaaS 提供给客户的服务是所有计算机基础设施的服务，包括虚拟机、处理器、内存、防火墙、网络带宽等基本的计算机资源。用户可通过 API 或控制面板进行访问，并且基本上是租用基础架构的方式。操作系统、应用和中间件等内容由用户管理，云服务提供商则负责硬件、网络、硬盘驱动器、数据存储和服务器，并负责处理中断、维修及硬件问题。

这种服务的使用费可以按照多个标准来计算，比如每个处理器每小时费用、每小时储存的数据、所用的网络带宽以及所用的增值服务。

对于客户而言，IaaS 的巨大价值通过"云爆发"来实现。云爆发是指当业务瞬间增长，需要大量的计算资源时，将任务负载扩展到云环境的过程。云爆发促成的资本节约潜力巨大，因为企业无须额外投资利用率很低的服务器，那些服务器一年中只有两三次能够用到 70% 的容量，其余时间仅有 7% ~ 10% 的负荷。

2. PaaS（平台即服务）

PaaS 是指软件的整个生命周期都是在 PaaS 上完成的。硬件和应用软件平台由外部云服务提供商来提供和管理，而用户负责平台上运行的应用以及应用所依赖的数据。

这种服务面向的用户包括应用程序开发员、测试员、部署人员和管理员，旨在为用户提供一个共享的云平台，用于应用开发和管理（DevOps 的一个重要组成部分），而无须构建和维护通常与该流程相关联的基础架构。

通过 PaaS 模式，用户可以在一个提供 SDK（software development kit，软件开发工具包）、文档、测试环境和部署环境等在内的开发平台上非常方便地编写、部署应用。不论是在部署阶段还是运行阶段，用户都无须为服务器、操作系统、网络和存储等资源的运维而操心，这些烦琐的工作都由云服务商负责。

业界典型的 PaaS 产品包括 Google App Engine、Windows Azure Platform、Heroku 等。

3. SaaS（软件即服务）

SaaS 是将云服务商负责管理的软件应用直接交付给用户的服务，提供给用户的服务是云上的应用程序。SaaS 应用通常是一些用户可通过网页浏览器访问的 Web 应用或移动应用，SaaS 应用服务会为用户完成软件更新、错误修复及其他常规软件维护工作。

SaaS 同时也为客户提供了一种降低软件使用成本的方法：按需使用软件，而不是为每台计算机购买许可证（license）。尤其是考虑到大多数计算机差不多 70% 的时间是空闲的，SaaS 可能非常有效。客户不必为单一用户购买多个许可证，而是让许可证的使用时间尽可能接近 100%，从而尽可能地节省成本。

用户可以在各种设备上连接上云的应用程序，通过控制面板或 API 连接至云应用，不需要管理或者控制任何云计算设施，比如服务器、操作系统和储存等。因此，用户可以把主要精力用于主营业务，而不是把时间浪费在聘请和留住 IT 人员。

最常见的 SaaS 是协作应用程序、在线项目管理应用程序、客户关系管理程序以及基于云的储存和共享服务。

3.1.3 云计算的部署分类

根据 NIST 对云计算的分类，主要分为公有云（public cloud）、私有云

（private cloud）、混合云（hybrid cloud）和社区云（community cloud）四类。由于社区云的概念在国内用得比较少，我们重点说说前三类。

1. 公有云

公有云是面向大众提供计算资源的服务，一般由商业机构拥有、管理和运营，并在服务提供商的场所内部署。用户通过互联网使用云服务，根据使用情况付费或通过订购的方式付费。

就公有云而言，云计算是一种新的软件开发模式，所有的租户（也就是软件开发者以及基础设施提供者）都是参与者。软件开发者开发、运营原生的云应用，并对基础设施提出新的需求；基础设施提供者不断地提高资源池整体的扩展性、效率，并降低其成本。同时，还要保证单个资源达到尽量小的颗粒度，以及管理可编程性。

公有云的优势是成本低，扩展性非常好；缺点是客户对云端的资源缺乏控制，存在保密数据的安全性、网络性能等问题。国外主要的公有云服务商有 AWS、Google 和微软，国内则主要有阿里云、腾讯云、华为云等。

2. 私有云

在私有云模式中，云平台的资源为单个用户或包含多个用户的单一组织专用。或者说，如果底层 IT 基础架构归某个客户专用，那这种云就是私有云。

私有云可由客户、第三方或两者联合拥有、管理和运营。私有云的部署场所可以在客户内部，也可以在外部。所以，位置和所有权都早已不是界定标准，这也让私有云形成了许多子分类，包括内部私有云（on-premise）、外部私有云（off-premise）两种实现形式。

（1）内部私有云：也被称为内部云，由客户在自己的数据中心内构建。该形式在规模和资源可扩展性上有局限，却有利于标准化云服务管理流程和安全性。客户依然要为物理资源承担资金成本和维护成本。这种方式适合那些需要对应用、平台配置和安全机制进行完全控制的机构。

内部私有云也有其不足之处，主要是成本开支高，因为建立私用云需要很高的初始成本。另外，由于需要在企业内部维护一支专业的云计算团队，所以其持续运营成本同样偏高。

（2）外部私有云：这种私有云部署在组织外部，由第三方负责管理。第三方为客户提供专用的云环境，并保证隐私和机密性。外部私有云相对内部私有云成本更低，也更便于扩展业务规模。有时候，也可称之为专属云（dedicated cloud）或托管私有云。

专属云是以公有云为基础，面向特定行业、特殊需求的云客户，提供全栈资源池的专属解决方案。专属云客户可以选择在公有云上独占机架、服务器和网络，通过基础设施隔离获得资源的专属使用权和安全性，但专属云的建设和运维仍交由公有云服务商承担。专属云打消了国内用户对公有云资源共享模式带来的安全合规、数据私密性等一系列顾虑，也在规模化部署、快速交付和集中运维方面享有公有云的深厚技术底蕴带来的福利。

在将来很长一段时间内，私有云将成为大中型企业最认可的云模式，而且将极大地增强企业内部的IT能力，并使整个IT服务围绕着业务展开，从而更好地为业务服务。

3. 混合云

在混合云模式中，云平台由两种不同的模式组合而成。这些平台依然是独立实体，但是能够利用标准化或专有技术实现绑定，彼此之间能够进行数据和应用的移植。

应用混合云模式，一个机构可以将次要的应用和数据部署到公有云上，充分利用公有云在扩展性和成本上的优势；同时，将关键应用、数据放在私有云中，安全性更高。

而随着云计算的发展，单纯的公有云或私有云已很难满足现有业务的需求，混合云或多云成为新的解决问题的手段。混合云是在云计算演进到一定程度后才出现的一种云计算形态，它不是简单地将几种云（比如公有云、私有云等）进行叠加、堆砌，而是以一种创新的方式，利用各种云部署模型的技术特点，提高用户跨云的资源利用率，催生出新的业务，更好地为业务服务。

混合云是从局域网（LAN）、广域网（WAN）、虚拟专用网（VPN）和/

或 API 连接的多个环境创建而成的 IT 环境（但看起来只是单一的一个环境）。

除了上述三类，我们还经常会听到"行业云"的说法。行业云主要指的是专门为某个行业的业务设计的云，并且开放给多个同属于这个行业的企业使用。行业云的优势在于能为行业的业务做专门的优化。和其他的云计算模式相比，其优点是不仅能进一步方便用户，而且能进一步降低成本；其缺点是支持的范围较小，建设成本相对公有云要高。

3.2　云计算的发展历史和现状

3.2.1　云计算的发展历史

2006 年，Google 公司 CEO 埃里克在搜索引擎大会上首次提出"云计算"的概念，后来 AWS 最早实现了云计算的商业化。其实，在 2006 年 AWS 开始提供云计算服务时，还仅有学术界的理论，在工程上仍然是"无人区"。AWS 对云计算的巨额投入是一场革命性的、勇敢的赌博。最终，直到 2015 年，这场技术革命才被最终证明是成功的。如今，AWS 连续多年蝉联全球第一大云服务商，规模大约为第二名的两倍。

计算领域曾经有三个浪潮。第一个浪潮是以 Oracle 为代表的公司引领的。在这个阶段，企业的 IT 部门负责购买软件，然后部署管理，以供企业的员工使用。第二个浪潮是以 Saleforce 为代表的公司引领的。此时，企业的销售、营销或者财务部门自己决定购买软件服务，由 IT 部门帮助管理。目前，已进入第三个浪潮，这个浪潮是由 AWS 所引领的。在这个时代，软件企业可以跳过 IT 部门和业务部门，把他们的技术直接卖给在企业中负责构建应用程序的程序员。

在功能交付要求越来越快的背景下，由于软件功能的堆积，软件的体积越来越大，复杂度也越来越高；同时，软件的质量也越来越难以保证。软件开发模式开始从传统的瀑布流模式转化为今天的微服务模式：复杂的单体式软件，可以拆解为一组简单但扩展性较高的服务；大规模的开发团队，可以拆解为灵活独立的开发小组；长达半年到 1 年的交付周期，可以分解为以周为单位的快速迭代——这就改变了以往彻底的 D/O 分离的协助模式。由于软件的微服务化，软件的业务运维团队开始与开发团队融合，形成了新的 DevOps 模式。

随着开发模式的演进，对基础设施的要求也在变化：从使用几台高配的服务器部署业务，变为只需要数个甚至 1 个低配集群部署，即可实现各个模块的资源隔离以及整个业务的高可用。此前，这对于拥有自建数据中心的大型公司来说可能不是问题，但对于中小型公司来说，则可能是不可能完成的任务。尤其是对于一些"to C"业务来说，由于增长曲线无法估计，在业务前景还不明朗的时候要想提前 3 ~ 5 年规划基础设施的建设，基本是不可能的。

3.2.2 国内外云计算市场

Gartner 数据显示，2021 年，全球云计算市场保持稳健增长，从 2020 年的 642.9 亿美元增长至 908.9 亿美元，同比增长 41.4%。其中，亚太地区的云计算市场规模为 331.6 亿美元，同比增长 47.92%。其中，排名第一的 AWS 所占份额为 38.92%，微软、阿里云分别以 21.07%、9.55% 的市场份额位居第二位、第三位。

但是，国内各家云服务商对云服务的定义不同，无法进行严格对比。根据其各自对外公布的数据，2021 年，阿里云、腾讯云、天翼云、移动云、华为云、联通云所占份额排名前列。

值得一提的是，根据各电信运营商发布的 2021 年财报，移动云、天翼云、联通云的增速都超过了 100%。在高增长的背后，政企市场是主要引擎。运营商具有客户关系优势、网络优势，即便在二三线城市甚至某些乡村地区，也早建有技术支持和客户服务网络。而政企市场要求的数据安全也恰恰是央企背景的三大运营商的优势。

同时，在各项政策加持下，政府、大型企业对互联网云服务商态度摇摆。"国家队"也在更多的政企项目中承担总集角色。

3.3　云计算的关键技术

本质上讲，云计算是算力的服务化，是通过虚拟化技术把算力进行池化，进而做多租户之间的弹性调度分配。因此，云计算的发展史其实也是虚拟化技术的演进史，虚拟化技术的不断发展让云在不同的发展阶段都能满足业务的需求。

3.3.1　虚拟化技术

1. 虚拟化概述

虚拟化是云计算的基础，它的最大价值是解决资源利用率低的问题。简单来说，虚拟化是一种资源管理技术，是将计算机的各种实体资源（CPU、内存、磁盘空间、网络适配器等）予以抽象，然后分割、组合为一个或多个电脑配置环境，从而使我们能够在一台服务器上运行多个操作系统，每个操作系统就是一台虚拟机（virtual machine，VM），每个虚拟机只能看到虚拟化层为其提供的虚拟硬件。这样一来，就可以提高效益。

从表面来看，这些虚拟机都是独立的服务器，但实际上，它们共享物理机的资源。物理机通常称为宿主机（host），虚拟机则称为客户机（guest）。虚拟机之间是相互隔离的，一个虚拟机的崩溃或故障（例如操作系统故障、应用程序崩溃、驱动程序故障等）不会影响同一服务器上的其他虚拟机。

虚拟化技术最早是 IBM 公司在 20 世纪 60 年代末所提出的。当时，IBM 公司为实现多用户对大型计算机同时交互访问，开发了一套被称 VMM（virtual machine monitor，虚拟机监视器）的软件。在现在的虚拟化技术中，VMM 是运行在硬件服务器和操作系统中间层的软件，它方便同时有多个相同或不同的操作系统和应用共享底层硬件基础设施。在云计算中常提及的 Hypervisor 与 VMM 具有相同含义，其实质都是一种资源配置的管理技术。Hypervisor 的中文意思为"超级监督者"，它不是一款具体的软件，而是一类软件的统称。

目前，一台虚拟机不能跨越多台物理机，只能在一台物理机上运行，这意味着虚拟机的运算能力不会超过一台物理机的运算能力。但是，目前主流的主机虚拟化技术都支持过度分配资源，即分配给同一台物理机上的虚拟机的资源之和大于物理机本身的资源数。在虚拟机运行时，按其实际消耗的资源动态分配，但是不超过管理员给其分配的上限，一般计算机正常运行时的资源耗费不会超过其总资源的 75%，这样一来，过度分配资源就容易理解了。CPU 的过度分配率一般为 16 倍，内存的过度分配率则一般为 1.5 倍。

2. 虚拟化和云计算的区别

在云计算起步的一段相当长的时间内，"虚拟化"和"云计算"是很多人容易混淆的两个概念。其实，虚拟化是实现云计算的关键技术之一，或者说，虚拟化只是构建云计算资源池的一种主要方式。

虚拟化是一种技术，而云计算是一种使用模式。云计算的基础是虚拟化，但虚拟化只是云计算的一部分。

虚拟化有时候也特指一个虚拟化管理平台，其所能管理的物理机的集群规模都不是特别大，一般为十几台、几十台的规模，最多几百台。

随着集群的规模越来越大，基本都是千台起步，动辄上万台。这么多机器，要靠人去选一个位置放这台虚拟化的电脑并做相应的配置几乎是不可能的事情，还是需要机器来完成。为此，人们发明了各种各样的算法来做这个事情，这就是"调度"（scheduler）。

通俗来说，就在一个调度中心中，几千台机器都在一个池子里面，无论用户需要配置有多少 CPU、内存、硬盘的虚拟电脑，调度中心都会自动在大池子里面找出一个能够满足用户需求的地方，把虚拟电脑启动起来并做好配置。之后，用户就直接能用了。这个阶段称为"池化"或者"云化"，到了这个阶段，才可以真正称之为"云计算"——在这之前，都只能叫"虚拟化"。

3. 虚拟化分类

根据虚拟化实现的方法，可以将虚拟化分为几类：操作系统级别虚拟化，全虚拟化，半虚拟化和混合虚拟化，如图 3-2 所示。

（1）操作系统级别虚拟化（OS-level virtualization）。

这种虚拟化没有独立的 hypervisor 层，相反，主机操作系统本身就负责在

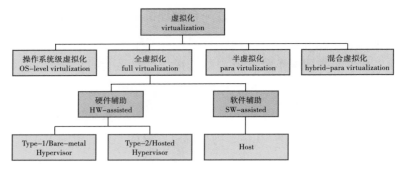

图 3-2　虚拟化分类图

多个虚拟服务器之间分配硬件资源，并且让这些服务器彼此独立。

在这种虚拟化中，物理资源由宿主机操作系统（Host OS）管理，实际的虚拟化功能由 VMM 提供，但 VMM 只是 Host OS 的独立内核模块，VMM 通过调用 Host OS 的服务来获得资源，实现 CPU、内存和 I/O 设备的虚拟化。VMM 创建出 VM 后，通常将 VM 作为 Host OS 的一个进程来参与调度。这种虚拟化的缺点是效率不够高，安全性一般（依赖于 VMM 和宿主 OS 的安全性）。

采用该结构的有 VMware Workstation、Virtual PC、Virtual Server 等。

（2）全虚拟化（full virtualization）。

在这种架构里面，VMM 可被视为一个具有虚拟化功能的操作系统，用于管理物理资源和虚拟环境的创建、管理。全虚拟化会模拟足够的硬件设备，而且不需要对操作系统内核进行修改。

由于客户机（Guest OS）不知道自己在一个虚拟化的环境里，所以硬件的虚拟化都在 VMM 或者宿主机中完成。全虚拟化又可分为软件辅助虚拟化（SW-assisted）和硬件辅助虚拟化（HW-assisted）。

①软件辅助虚拟化：因为之前 x86 平台的硬件未从硬件层面支持虚拟化，所以只能采用纯软件的方式让客户机触发宿主机，进行虚拟化处理。

②硬件辅助虚拟化：在软件厂商使出浑身解数让 x86 平台实现虚拟化之后不久，各家处理器厂商也看到了虚拟化技术的广阔市场，纷纷推出了硬件层面上的虚拟化支持服务，这也助推虚拟化技术有了迅猛发展。其中最具代表性的就是英特尔的 VT 系列技术和 AMD 的 AMD-V 系列技术。

硬件虚拟化中，又可以分为 Type-1 Hypervisor 和 Type-2 Hypervisor。

Type-1 Hypervisor（或者称之为 Bare-metal Hypervisor），是指虚拟机直接运行在硬件之上，系统上电之后，加载运行虚拟机监控程序。资源的调度方向是：HW→VMM→VM（如图 3-3 所示）。

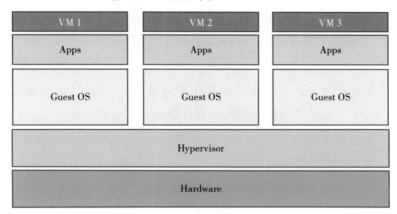

图 3-3　Type-1 型虚拟化示意图

这种虚拟机将上层的操作系统和底层的硬件脱离，所以上层的软件不依赖特殊的硬件设备或者驱动。目前，主流的 Type-1 Hypervisor 有 VMware ESXi。

Type-2 Hypervisor（或者称之为 Hosted Hypervisor），是指虚拟机不是直接运行在硬件资源之上，而是运行在操作系统之上。系统上电之后，会先启动操作系统，然后加载运行虚拟机监控程序。资源的调度方向是：HW→OS→VMM→VM（如图 3-4所示）。

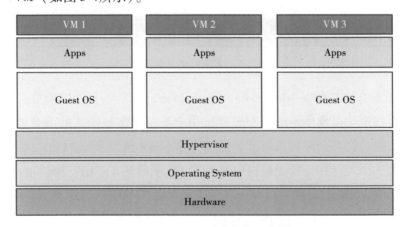

图 3-4　Type-2 型虚拟化示意图

在物理机上，首先要安装常规的操作系统，比如 RedHat、Ubuntu 和 Windows。之后，Hypervisor 可以作为操作系统上的一个程序模块运行，并对虚拟机进行管理。

典型的 Type-2 Hypervisor 包括 QEMU 和 WINE。

（3）半虚拟化（para virtualization，PV）。

半虚拟化是 Xen 项目团队引入的一种高效、轻量级的虚拟化技术，后被其他虚拟化解决方案所采用。半虚拟化不需要来自主机 CPU 的虚拟化扩展，因此可以在不支持硬件辅助虚拟化的硬件架构上实现虚拟化。

半虚拟化由零域（domain zero）和 Hypervisor 共同管理：零域负责 guest 系统的管理，类似于管理员的角色；Hypervisor 负责与底层硬件交互。半虚拟化需要对客户操作系统做一些修改（配合 Hypervisor），这是一个不足之处，但是半虚拟化能够提供与原始系统相近的性能（如图 3-5 所示）。

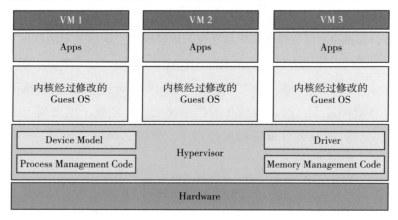

图 3-5　半虚拟化示意图

（4）混合虚拟化（hybrid-para virtualization）。

混合虚拟化是操作系统级别虚拟化和全虚拟化两种模式的混合体，VMM 处在最底层，拥有全部物理资源，但与 Hypervisor 模型不同的是，大部分 I/O 设备是由一个运行在特权虚拟机中的特权 OS 来管理的。CPU 和 Memory 的虚拟化依然由 VMM 来完成，而 I/O 的虚拟化则由 VMM 和特权 OS 来共同完成。混合虚拟化的缺点是经常需要在 VMM 与特权 OS 之间进行上下文切换，开销较大。

4. 容器技术

前面谈到了虚拟化，虚拟化的目标都是一台完整的计算机，拥有底层的物理硬件、操作系统和应用程序执行的完整环境。为了让虚拟机中的程序实现像在真实物理机器上运行的效果，背后的 Hypervisor 做了大量的工作，相应地也付出了一定的代价。虽然 Hypervisor 做了这么多，但虚拟机中的程序只需要一个单独的执行环境，不需要去虚拟出一个完整的计算机。在每台虚拟机里都安装和运行操作系统的做法，浪费了太多的计算资源。

为此，有公司专门推出了应用软件容器产品，即在操作系统层上创建一个个容器，这些容器共享下层的操作系统内核和硬件资源，但是每个容器可单独限制 CPU、内存、硬盘和网络带宽容量，并且拥有单独的 IP 地址和操作系统管理员账户，可以关闭和重启。虚拟化与容器的架构区别如图 3-6 所示。

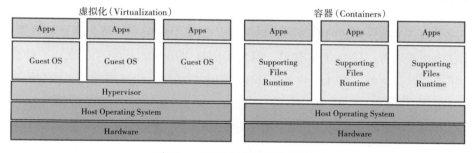

图 3-6　虚拟化和容器的架构区别

与虚拟机最大的不同是，容器里不用再安装操作系统，因此浪费的计算资源也就大大减少了。这样一来，同样一台计算机就可以服务于更多的租户。容器技术更像是操作系统层面的虚拟化，它只需要虚拟出一个操作系统环境。

LXC（LinuX container）技术就是这种方案的一个典型代表，通过 Linux 内核的 Cgroups 技术和 namespace 技术的支撑，隔离操作系统中的文件、网络等资源，在原生操作系统上隔离出一个单独的空间，将应用程序置于其中运行。这个空间在形态上类似于一个容器，可以将应用程序包含在其中，故取名容器技术。

说到容器，不得不提到一个词：Docker。Docker 一词有多种含义：它既是开源社区项目的称号，也是开源项目使用的工具，有时候还代表主导支持此类项目的公司"Docker Inc."以及该公司官方支持的工具（技术产品和公司使用同一名称，的确让人有点困惑）。

IT软件中所说的Docker，通常是指容器化技术，用于支持创建和使用Linux容器。开源Docker社区致力于改进这类技术，并免费提供给所有用户，使之获益。Docker Inc.公司凭借Docker社区产品起家，它主要负责提升社区版本的安全性，并将改进后的版本向更广泛的技术社区分享。此外，它还专门对这些技术产品进行完善和安全固化，以服务于企业客户。

借助Docker，可将容器当作重量轻、模块化的虚拟机使用。同时，用户还将获得高度的灵活性，从而实现对容器的高效创建、部署及复制，并能将其从一个环境顺利迁移至另一个环境。

其实，Docker技术的底层原理与LXC并没有本质区别，甚至早期Docker就是直接基于LXC的高层次封装。Docker在传统LXC的基础上更进一步，将执行环境中的各个组件打包封装成独立的对象，更便于移植和部署。就轻量级虚拟化这一功能来看，LXC非常有用，但它无法提供出色的开发人员或用户体验。除了运行容器之外，Docker技术还具备其他多项功能，包括简化用于构建容器、传输镜像以及控制镜像版本的流程。LXC与Docker的架构区别如图3-7所示。

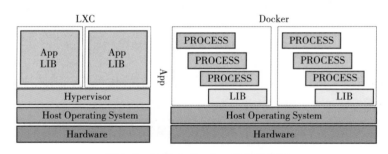

图3-7　LXC与Docker的架构区别

此外，容器产品提供商Parallels针对Linux和Windows操作系统分别推出了两套应用软件容器产品：OpenVZ和Parallels Containers for Windows，其中，前者是开源的，而后者是商用的。微软也推出了容器产品Hyper-V Container。

5. 云原生

说到容器，我们经常可以见到另一个词：云原生（cloud native），这一概念最早由 Pivotal 于 2015 年提出。在云原生不断演进的过程中，衍生出了包括 Pivotal、CNCF（Cloud Native Computing Foundation，云原生计算基金会）等多个机构的定义。同时，还有不少人将云原生与容器或基于 Kubernetes（K8S）的微服务混为一谈。

CNCF 对云原生的定义为：云原生技术有利于各组织在公有云、私有云和混合云等新型动态环境中构建和运行可弹性扩展的应用。云原生的代表技术包括容器、服务网格、微服务、不可变基础设施和声明式 API。这些技术能够构建容错性好、易于管理和便于观察的松耦合系统。结合可靠的自动化手段，云原生技术使工程师能够轻松地对系统做出频繁和可预测的重大变更。

由于上面的定义比较难理解，可以简单地把云原生理解为：

云原生 = 微服务 + DevOps + 持续交付 + 容器化

前文提到了云计算的种种好处，但在实际使用中，将存量应用系统迁移到云上并不代表从此以后就可以高枕无忧了。如果应用本身没有基于云服务进行重构，而是继续采用老的架构，那么即使业务运行没有问题，应用也不能充分利用云运行环境的能力。

如果要充分利用云计算的能力，需要对这些应用系统架构以及围绕这些架构建立的技术栈、工具链、交付体系进行升级，依托于云技术栈将其重新部署、部分重构甚至全部重写，也就是将应用变成"云原生的"。

"云原生"其实是一个很宽泛的概念，想要开发一个支持云原生的应用并不难，可能就是简单地实现可基于容器部署、使用 Kubernetes 进行编排与调度、集成 CI/CD 工具以及 Prometheus 监控工具等就够了。但是，想要构建一个真正云原生的系统，要求我们必须考虑系统的方方面面，不仅要掌握简单的开发技能，还要对 SDN、分布式调度甚至计算机基础架构等诸多领域有所了解，能够根据场景制订出最合适的架构方案。关于云原生的开发，本书不做详细讨论。

6. 常见的虚拟化产品

（1）Xen。

Xen 虚拟机技术是英国剑桥大学计算机实验室原始开发完成的，之后，Xen 社区负责后续版本的开发并将其作为免费开源的软件，以 GNU（GPLv2）

的方式进行使用。Xen 虚拟机技术目前支持的计算机架构包括英特尔公司的 IA-32 和x86-64，以及 ARM 公司的 ARM。目前，Xen 已经有很多版本（著名的 AWS 就建立在 Xen 虚拟机技术之上），而 Xen 虚拟机的最大商用支持者为美国的 Citrix 公司。阿里云、腾讯云最初都是基于 Xen 建构的：腾讯云后来转向使用 KVM，但阿里云还在坚持使用 Xen。

（2）KVM（kernel-based virtual machine，基于内核的虚拟机）。

KVM 是为 Linux 环境而设计的虚拟化基础设施，后来移植到 FreeBSD 和 Illumos。KVM 支持硬件辅助的虚拟化技术，其一开始支持的架构为英特尔公司的 x86 和 x86-64 处理器，后来则被 IBM 公司移植到了 S/390、PowerPC 和 ARM 架构中。

KVM 是 Linux 的一个内核驱动模块，其作为一项虚拟化技术已被集成到 Linux 内核之中，能够让 Linux 主机成为一个 Hypervisor。在支持 VMX（virtual machine extension）功能的 x86 处理器中，Linux 在原有的用户模式和内核模式中新增加了客户模式，并且客户模式也拥有自己的内核模式和用户模式，虚拟机就运行在客户模式中。KVM 模块的职责就是打开并初始化 VMX 功能，以及提供相应的接口以支持虚拟机的运行。

QEMU 本身并不包含或依赖 KVM 模块，而是一套由 Fabrice Bellard 编写的模拟计算机的自由软件。QEMU 虚拟机是一个纯软件的实现，可以在没有 KVM 模块的情况下独立运行，但是性能比较低。QEMU 有整套的虚拟机实现，包括 CPU 虚拟化、内存虚拟化以及 I/O 设备的虚拟化。QEMU 是一个用户空间的进程，需要通过特定的接口才能调用 KVM 模块提供的功能。从 QEMU 的角度来看，在虚拟机运行期间，QEMU 通过 KVM 模块提供的系统调用接口进行内核设置，由 KVM 模块负责将虚拟机置于处理器的特殊模式下运行。QEMU 使用了 KVM 模块的虚拟化功能，为自己的虚拟机提供硬件虚拟化加速，以提高虚拟机的性能。KVM 与 QEMU 的关系如图 3-8 所示。

KVM 本身基于硬件辅助虚拟化，仅仅实现了 CPU 和内存的虚拟化，但并不能模拟其他设备，必须有个运行在用户空间的工具才行。因此，KVM 的开发者选择了比较成熟的开源虚拟化软件 QEMU 作为这个工具：QEMU 可以模拟 IO 设备（网卡、磁盘等），在 QEMU—KVM 中，KVM 运行在内核空间之

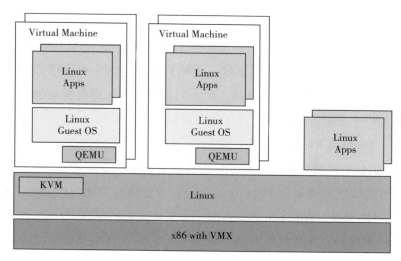

图 3-8　KVM 与 QEMU 关系图

中，QEMU 运行在用户空间之中，实际模拟创建、管理各种虚拟硬件。KVM
加上 QEMU 之后，就是完整意义上的虚拟化平台。

当然，对于 KVM 来说，其匹配的用户空间工具并不仅仅只有 QEMU，还
有其他的，比如 RedHat 开发的 Libvirt、Virsh、Virt-manager 等——因此，QE-
MU 并不是 KVM 的唯一选择。

（3）Hyper-V。

Hyper-V 是微软公司使用的 VMM，支持 x86-64 系统，属于半虚拟化的
VMM，因为能够与 Windows Server 天然集成，具有简单易用的特点，前些年
在一些企业的私有云项目中用得较多，但整体所占份额不大。目前，Hyper-V
的最大使用者就是微软自己的公有云 Azure。

（4）VMware ESXi。

VMware 公司的 ESXi 是一个企业级的虚拟化产品，属于 VMware 虚拟化产
品家族里的一员。ESXi 是运行在裸机上的 VMM，无须主机操作系统的协作就
能够将硬件的全部功能虚拟化，提供给上面的 Guest 操作系统使用。ESXi 上
面可以运行任意操作系统，如 Windows、Linux、BSD 等。ESXi 的商用范围极
为广泛，是目前市面上最成功的虚拟化产品之一。

（5）VMware Workstation。

VMware Workstation 是运行在 x86-64 体系架构上的 VMM，与 ESXi 的不同之处在于：它是一个准虚拟化系统，能够桥接现有的主机网络适配器，并与虚拟机共享物理磁盘和 USB 设备。此外，它还能模拟磁盘驱动器，将 ISO 镜像挂载为一个虚拟的光盘驱动器（这跟虚拟光驱类似）。

（6）Parallels Virtuozzo。

Parallels 公司的 Virtuozzo 产品采用的虚拟化技术非常独特，其本质上是一个操作系统级别的虚拟化产品。Virtuozzo 目前支持的架构包括 x86、x86-64 和 IA-64。严格来说，Virtuozzo 并不算是一个 VMM，因为其运行在主机操作系统之上，而不是与其并列或在其之下。此外，它并不直接掌握硬件资源的调度和管理，只不过将主机操作系统呈现的抽象性进行再度封装，在其之上呈现多个虚拟机，这些虚拟机里可以运行不同的操作系统。

Parallels 公司还提供了其他几种虚拟化产品，其中的 Parallels Workstation 是一个虚拟机监视器。Parallels 还提供两个版本的 MacOS 虚拟机监视器，Parallels Workstation 也可以让用户在基于 Mac 机器上同时运行 MacOS X 和 Windows、Linux 或其他操作系统。

（7）AWS Nitro。

在传统计算机虚拟化架构里，业务层即虚拟机，而管理层则为宿主机，业务层和管理层共同运行于 CPU 中。

AWS 的 Nitro 系统创造性地进行架构重构，把业务层和管理层分离到两个硬件实体中，业务层运行在 CPU，而管理层则运行在 Nitro 芯片中。Nitro 的最大价值在于其硬件加速提升性能。

Nitro 架构的总体设计思想是：轻量化的 Hypervisor 配合定制化的硬件，让用户无法区分运行在虚拟机内的操作系统和运行在裸金属上的操作系统之间有什么性能差异。

在原本基于 Xen 架构的虚拟化系统中，服务器既要运行提供给客户的虚拟机，又要运行 Xen Hypervisor，还要模拟各种设备（包括网络、存储、管理、安全和监控等功能），导致服务器中大概只有 70% 的资源能够提供给用户，损耗将近 30%。Nitro 项目通过定制化的硬件，将这些虚拟化损耗卸载到定制的 Nitro 系统上，让服务器上的资源基本上都能够提供给用户。纯软件虚拟化模式与 Nitro 硬件虚拟化模式的对比如图 3-9 所示。

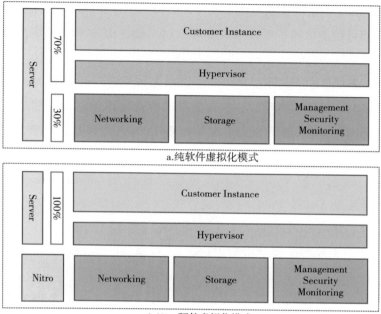

a.纯软件虚拟化模式

b.Nitro硬件虚拟化模式

图 3-9　纯软件虚拟化模式与 Nitro 硬件虚拟化模式对比图

Nitro 系统主要由三部分组成：

①以 PCIe 卡形式呈现的 Nitro 卡主要包括支持网络功能的 VPC（virtual private cloud）卡，支持存储功能的 EBS（elastic block store）、Instance Storage 卡和支持系统控制的 Nitro Controller 卡。

②Nitro 安全芯片可提供硬件信任根（hardware root of trust），防止运行于通用服务器上的软件（比如虚拟机的 UEFI 程序）对永久存储器（non-volatile storage）进行修改。

③运行于通用服务器的 Nitro Hypervisor 是一个基于 KVM 的轻量级 Hypervisor，主要提供 CPU 和内存的管理功能。

3.3.2　云架构与 OpenStack

"云架构"一词经常用于描述云计算所需的组件，其中包括硬件、抽象资源、存储及网络资源。可以将云架构视为构建云计算服务所需的工具。

云架构由多个组件构成，每个组件都相互集成到一个支持业务运营的单一架构中。典型的解决方案可能由硬件、虚拟化、存储和网络组件构成。"云架构"一词可用于描述单项技术，也可以用于描述由各项技术整合而成的完整的云计算系统。

最初，云计算的兴起主要是由软件厂家（如 VMware、微软）或互联网公司（如 Google、AWS、阿里云）主导的，这些云计算玩家基本都是自己设计云架构和研发云操作系统。随着开源架构 OpenStack 的兴起，浪潮、华为、新华三等传统硬件厂家开始基于 OpenStack 开发云平台。

OpenStack 起源于 NASA（美国国家航空航天局）和 Rackspace 合作研发的项目，后来以 Apache 许可证授权的方式开放了源代码。

2010 年，OpenStack 社区发布了第一个发行版本 Austin，此后每半年升级一次，2022 年 3 月底正式发布第 25 版——Yoga。目前，OpenStack 已成为最具影响力的云架构。

这里之所以说 OpenStack 是云架构而不是云操作系统，是因为要想构建一个完整的云操作系统，还需要大量软件组件进行有机整合，让它们协调工作。而 OpenStack 不具备全部能力，使用者往往还要在架构的基础上进行再次开发。

如果把 OpenStack 比作一个超市，就很贴切：超市里有产品，但超市本身不生产产品。也就是说，OpenStack 本身是没有资源的，它需要对接资源，而这些资源可以是虚拟化资源或物理资源。因此，虚拟化是 OpenStack 底层的技术实现手段之一，OpenStack 经常会和虚拟化技术 KVM 配合使用。

OpenStack 包括很多组件，其核心组件如表 3-1 所示。

表 3-1   OpenStack 核心组件

组件名称	功能
Nova	管理虚拟机的整个生命周期：创建、运行、挂起、调度、关闭、销毁等。这是真正的执行部件，接收 DashBoard 发来的命令并完成具体的动作。但是，Nova 不是虚拟机软件，所以还需要虚拟机软件（如 KVM、Xen、Hyper-V 等）的配合。

续表

组件名称	功能
Swift	为虚拟机提供非结构化数据存储，把相同的数据存储在多台计算机上，以确保数据不会丢失。用户可通过 RESTful 和 HTTP 类型的 API 来和它通信。这是实际的存储项目，类似 Ceph，不过在 OpenStack 具体实施时，人们更愿意采用 Ceph。
Cinder	管理块设备，为虚拟机管理 SAN 设备源。但它本身不是块设备源，需要一个存储后端来提供实际的块设备源（如 iSCSI、FC 等）。Cinder 相当于一个管家，当虚拟机需要块设备时，询问管家去哪里获取具体的块设备。它也是插件式的，安装在具体的 SAN 设备里。
Keystone	为其他服务提供身份验证、权限管理、令牌管理及服务名册管理。要使用云计算的所有用户需要事先在 Keystone 中建立账号和密码，并定义权限。
Glance	存取虚拟机磁盘镜像文件，Compute 服务在启动虚拟机时需要从这里获取镜像文件。这个组件不同于上面的 Swift 和 Cinder，因为这两者提供的存储是在虚拟机里使用的。

除了上表的核心系统外，还包括一些可选组件，如提供 web 界面的 Horizon 组件、进行应用编排的 Heat 组件、用于计量服务的 Ceilometer 组件、为虚拟机提供文件共享服务的 Manila 组件和管理裸金属服务器的 Ironic 组件等。

下面结合图 3-10，梳理一下 OpenStack 各个组件间的协同关系。

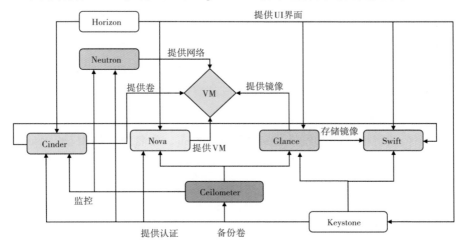

图 3-10　OpenStack 逻辑架构图

云端要运行很多虚拟机，所以需要在很多服务器中安装并运行虚拟机软件（如 KVM、Xen 等）。有的客户为了安全或性能，愿意出高价直接租赁裸金属服务器（物理机），所以要用 Ironic 组件来池化物理机，以便用户能远程使用。

这些运行了虚拟机软件的服务器和被池化的物理机统称为计算节点。为了让 Horizon 组件以可视化的 Web 页面来统一操纵计算节点上的虚拟机，需要在计算节点上安装 Nova 组件——Nova 组件还与其他组件打交道。

为了让一台虚拟机能在集群内的任一计算节点上快速漂移，虚拟机对应的镜像文件必须存放在共享场所——到底存放在哪里，由 Glance 组件指定，可以存放在 Swift 组件内，当然也可以存放在 Ceph 中。虚拟机之间需要联网，由 Neutron 组件负责。

虚拟机里面可能还要使用块设备（如硬盘），这需要 Cinder 组件的配合；虚拟机里可能需要用到共享文件服务，由 Manila 组件提供服务。

云端的计算节点很多，如果要给它们统一安装一个软件或配置某项参数，手工操作费时费力且容易出错。有了 Heat 组件，我们就可以轻松完成这个任务。

OpenStack 的各个组件都是对外暴露 REST API 接口，以便于其他程序调用，调用时都要进行身份验证和权限管理，这由 Keystone 组件完成。跟踪用户消耗的资源并计费的任务由 Ceilometer 组件完成。

OpenStack 是一个主流开源云项目，它将多个其他开源项目组合起来，以使用虚拟化资源构建和管理云。OpenStack 支持 KVM、Xen、LXC、Docker 等虚拟机软件或容器（默认为 KVM）。通过安装驱动，OpenStack 也可支持 Hyper-V 和 VMware ESXi。OpenStack 系统或其演变版本目前被广泛应用在各行各业，包括自建私有云、公有云。

红帽公司将该开源项目开发成熟后予以发布，命名为"红帽 OpenStack 平台"。出于追赶目的，国内硬件起家的云服务商更愿意选择开源的 OpenStack 为基础，继续搭建商业版本。

3.3.3 云平台

除了实现虚拟化及最基本的功能，各虚拟化软件厂商还不断丰富云端虚拟机管理工具，实现虚拟机的创建、删除、复制、备份、恢复、热迁移和监控等统一管理。其中，热迁移就是在不关闭虚拟机的情况下，把虚拟机从一台物理机转移到另一台物理机上，而正在使用虚拟机的租户感觉不到虚拟机被移动了。

要实现以上操作，需要一个管理工具，这经常被称为云平台（也称为云计算平台、云操作系统）。云平台是云计算的整体运营管理系统，它是指构架于服务器、存储、网络等基础硬件资源，以及单机操作系统、中间件、数据库等软件之上的综合管理系统。

比较经典的云平台有基于 OpenStack、CloudStack 等的开源云平台，以及VMware、微软等公司推出的商业云平台。

Gartner 认为，云平台从底层向上分别包括基础架构、资源全生命周期管理、服务编排与交付以及用户门户等几个组成部分（如图 3-11 所示）。

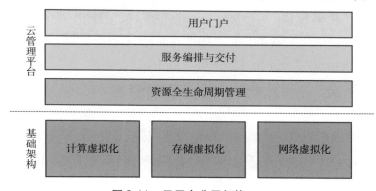

图 3-11 云平台分层架构

从下往上，第一层就是基础架构，也就是通过虚拟化来形成一个云的基础架构，这个基础架构不单单是服务器虚拟化，还有存储虚拟化、网络虚拟化，有这个基础架构做支撑，才能把各种资源做成弹性的资源池；在其上的第二层是资源全生命周期管理；再往上的第三层是把资源包装成服务：资源就像餐厅的后厨，厨房里有各种菜品、原料，需要经过组合才能炒出美味的菜品来供客人享用，而云平台要想对外提供服务，也需要服务的编排与交付；位于最上层的是用户门户，这是与用户直接打交道的部分，也是一般用户唯一实际看得见、摸得着的东西。以上四层共同组成了云平台。

其中，除了最底层的基础架构之外，上面的三层统称为云管理平台（也称为云管平台）。关于云管理平台，后面一节会详细介绍。

众所周知，基于安全、自主可控、提升资源利用率等因素，私有云是大中型企业上云的一种主要形态，增长迅速，尤其是政务、金融等私有云市场非常活跃。在 IT 基础设施全面云化的浪潮下，以 OpenStack 为基础的开源云平台和以 VMware、微软和阿里云代表的闭源云平台一直是两个不同的发展方向。

下面，我们以私有云平台的主导厂家 VMware 的家族产品为例，来介绍一下云平台产品。

VMware Cloud Foundation（VCF）是 VMware 基于全栈超融合基础架构技术而构建的混合云平台，可同时管理虚拟机和容器，也可以通过跨私有云和公有云实现一致的基础架构和运维。VCF 包括以下组件：

（1）计算虚拟化产品 vSphere：vSphere 是 VMware 云平台产品的基础。vSphere 类似微软的 Office 办公套件，是一个软件的集合，包括了 ESXi、vCenter、vSphere 和 vSphere Client 等。其中：

①ESXi 是一个 Hypervisor，安装在物理机上面；

②vSphere Client 安装在笔记本或 PC 机上面，用来访问 ESXi 服务并安装和管理上面的虚拟机（vSphere Client 一次只能管理一个 ESXi 的主机）；

③vCenter Server 是用于管理一个或者多个 ESXi 服务器的工具，可以安装在 ESXi 服务器的虚拟机里面或单独的物理服务器上面。vCenter Server 通常用于有很多 EXSi 服务和许多虚拟机的大规模环境中，需要单独购买许可证。vCenter Server 是一个企业级的产品，有许多企业级的功能，如 vMotion、VMware HA 和 VMware DRS。

vCenter Server Appliance（VCSA）是一个预配置的基于 Linux 的虚拟机，专门为运行 vCenter Server 及相关服务进行了优化。VCSA 可缩短部署 vCenter Server 及相关服务所需的时间，并提供了一个低成本方案，以替代基于 Windows 的 vCenter Server 的安装。

（2）网络虚拟化产品 NSX：这是一个部署在现有物理网络硬件之上的网络虚拟化平台，现有应用和监控工具可与 NSX 平稳地配合工作，无须对其进行修改。

（3）存储虚拟化产品 vSAN：能使用基于服务器的存储为虚拟机创建极其

简单的共享存储，从而实现恢复能力较强的高性能横向扩展体系架构。

（4）企业级云管理平台 vRealize Suite：可提供业内最完整的异构混合云管理解决方案，可帮助企业支持智能运维、自动化 IT，以实现 IaaS 及 DevOps 就绪型 IT 用户场景。

VMware 还针对主要公有云服务商推出了融合平台产品，如 VMware Cloud on AWS，基于 vSphere 的云计算环境运行应用，并且可以按需访问各种 AWS 服务。该服务基于 VMware Cloud Foundation，将 vSphere、vSAN、NSX 与 VMware vCenter 管理进行集成，并且做了优化，可在专用裸机 AWS 基础架构上运行。借助 VMware HCX，可以在本地部署与 VMware Cloud on AWS 环境之间快速执行大规模双向迁移。此外，针对 Azure、Google、阿里云，VMware 都有类似解决方案。

除了 VMware，国内硬件厂商出身的华为、新华三、浪潮均拥有较为完整的云计算产业链，在企业级数据中心市场具有广泛的客户基础，逐渐在私有云市场占了主导地位——特别是在政务云领域。阿里云、腾讯云也在公有云的基础上推出了私有化版本，将其在公有云市场的技术优势复制到私有云市场；华云、ZStack、易捷行云等初创公司也加入了私有云战场。

在国内私有云操作系统市场形成百花齐放的竞争格局的同时，我们也注意到一个现象：私有云建完后，基本就没怎么见过其操作系统有过大的版本升级：一方面，大的平台升级的技术风险还是有的，在用的规模越大，越不敢升（实在用得不爽了，最多是打些补丁，做些小升级）；另一方面，在私有云建设时，一般是一次性购买云平台软件的许可证（通常占整个投资的 20%~30%），然后每年还要交纳 10%~20% 的服务费，如果对云平台软件进行大的版本升级，相当于又要买一次许可证，其成本较高。

此外，随着公有云产品的丰富和完善，私有云客户也希望及时获得云技术创新带来的红利和公有云的生态能力。近年来，出现了公有云与私有云融合发展的新趋势。

新一代私有云平台可被看作公有云在企业数据中心内的延伸。虽然新一代私有云的部署位置与传统私有云类似，但其交付、运维、升级等服务模式本质上是公有云服务模式的延伸，也是按需租赁、由云服务商统一进行在线远程运维。几个大型公有云服务商也纷纷将公有云与私有云进行整合，如 AWS Outpost、微软 Azure Stack、华为云 HCSO、腾讯云 TCE。

私有云平台采用跟公有云一模一样的架构：统一的 API、统一的产品、统一的体验。私有云客户除了获得云基础服务能力，通过与公有云同步，还可以从政企专用 MarketPlace 一键下载 SaaS 应用，在线调用公有云的 PaaS 能力。公有云操作系统版本升级的时候，私有云可以在线同步升级。

早期，私有云和公有云基本上是沿着两条不同的赛道各自发展的。近年来，私有云与公有云在技术、平台、服务、商务模式上不断走向融合。

3.3.4　多云管理平台

与过去的数据中心相比，云最大的优势在于云管理的优越性。云管理层也是云服务层（IaaS、PaaS、SaaS）的基础，并为这三层提供多种管理和维护等方面的功能和技术。要想实现云管理层的功能，我们通常需要有一个"云管理平台"（cloud management platforms，CMP），它的定义是 Gartner 提出来的。

云管理平台为数据中心资源的统一管理平台，可以管理多个异构的云资源，比如同时管理 CloudStack、OpenStack、Docker。

云服务最终交付给用户的是一个一个的服务，比如计算服务、存储服务、网络服务等 IaaS 层面的资源，以及中间件服务、数据服务等 PaaS 层面的资源。

那么，具体该怎么将其交付给用户？答案是云管理平台先将资源管理起来，通过运营（在公有云上，这种运营可以按使用量计费），之后通过自服务界面将应用提供给用户使用。

云管理整体的定位是承上启下：对下管理资源，对上提供应用使用的界面和 API。如果要自行设计一个云管理平台的话，有 5 个模块必不可少：资源管理模块、运营管理模块、服务提供管理模块（通过门户或 API 方式）、运维管理模块以及安全管理模块（如图 3-12 所示）。

云管理平台的使用场景主要包括：

（1）大型的企业 IT 数据中心，支撑较多的业务系统。

（2）系统异构性较大，有多种类型的服务器、存储、网络。

（3）已经部署多种虚拟化平台，需要统一管理。

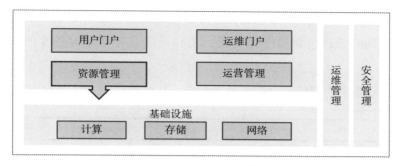

图 3-12　云管理平台架构图

（4）多个部门实施了多朵私有云，需要统一集成管理。

（5）部分业务运行于公有云，需要与内部私有 IT 或者云进行统一管理。

随着容器技术的兴起，出现了虚拟机、容器、裸金属等多种形态并存的局面。主流的云平台厂商都在原有云管理平台的基础上增加了对异构资源的纳管。

例如，VMware 基于 K8S 重构，资源管理者使用 vCenter 统一管理容器、虚拟机和物理机，支持多云混合云下的集群管理、配置、备份、迁移、监控以及服务网格，内嵌 K8S 主管集群（如图 3-13 所示）。

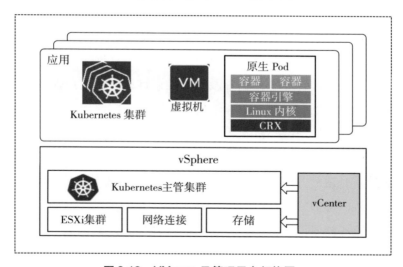

图 3-13　VMware 云管理平台架构图

当云管理平台具备了管理多个不同架构的云资源池的时候，我们常称之为"多云管理平台"。根据云计算开源产业联盟的定义,多云管理平台指的是可以同时管理包含多个公有云、私有云以及各种异构资源的统一管理平台。

以联通某子公司的天穹多云平台为例,其架构如图 3-14 所示。

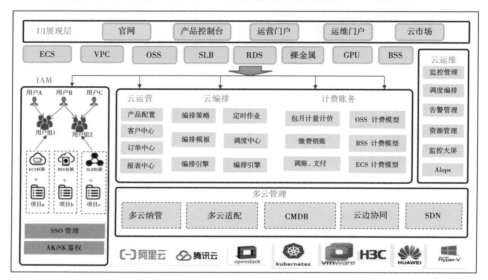

图 3-14　多云管理平台架构图

首先,多云管理平台要做的是多云纳管。多云纳管能够兼容多个主流云服务商的平台,作为用户的自服务门户,用户可一点操作多个不同云平台的资源池。其次,多云管理平台还要做到智能运维,能为客户提供不同云平台的一点监控,能提供云、网、端一体化监控服务,方便用户一点了解整体运行状况,掌控故障处理进程和结果。

站在云服务商(cloud service provider,CSP)的视角来看,多云管理平台应能实现计费、运营分析等功能,如跟 BSS、OSS 系统对接——甚至还要能为客户提供对接内部 IT 系统的 API。

对于云服务商或以云资源转售为主的云管理服务提供商(cloud managed service provider,CMSP)而言,在多云模式下,如何将多个不同的云平台进行统一资源管理、调度和监控,是必须解决的一个问题。

3.3.5　云计算相关的网络技术

网络是云计算资源池中最重要的部分，可以按照功能逻辑将网络进行分层。云计算中心的网络可以分成物理网络层、虚拟网络层、应用网络层等三层。

1. 网络虚拟化

网络虚拟化技术已经出现了 20 多年，但其发展却一直不温不火，原因是缺少一个"杀手级"的应用。有了云计算，网络虚拟化才变得如此热门。甚至可以说：没有网络虚拟化，就没有大规模的云计算。

人们很早就意识到了网络服务与硬件解耦的必要性，先后诞生了许多过渡的技术，比较重要的有 VLAN、VPN、Overlay、SDN 和 NFV——其中，SDN和 NFV 是目前最为热门的网络虚拟化技术。SDN 技术通过分离网络控制部分和数据传送部分来避免传统网络设备的缺点：处于数据通路上的网络设备蜕化为准硬件设备，网络中所有网络设备的网络控制部分独立出来，由一台服务器单独承担。

把网络控制部分从各个网络设备中独立出来，统一由 SDN 网络控制器承担，这样做的最大好处是数据传送的路径可以做到全局最优。

SDN 网络控制器类似于导航卫星，它存储了全局的网络拓扑图，俯视着整张网络，为每个数据包的流向精确导航。SDN 网络设备和网络控制器之间采用 OpenFlow 协议进行通信。

云端一般采用 Open vSwitch 交换机，这是一款开源的网络虚拟化产品，属于二层交换机，性能可以与硬件交换机媲美。利用它，可以在虚拟机的下面构筑虚拟网络层；通过实时修改 Open vSwitch 的配置，可以组建变化灵活的局域网，使得一台虚拟机能快速地从一个局域网迁移到另一个局域网中，这是物理交换机所无法实现的。图 3-15 为跨物理服务器的虚拟机之间的通信示意图。

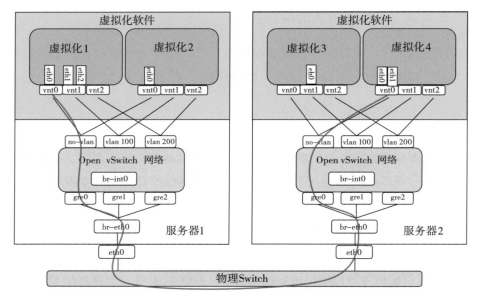

图 3-15　虚拟机之间的网络通信

2. 网络服务产品

随着云计算的快速发展，产生了很多网络相关的产品和服务。典型的云计算网络产品包括：

（1）虚拟私有云服务（virtual private cloud，VPC）。

虚拟私有云是通过逻辑方式进行网络隔离，提供安全、隔离的网络环境，提供与传统网络无差别的虚拟网络。

（2）弹性 IP 服务（elastic IP address，EIP）。

弹性 IP 服务是可以独立申请和持有的公网 IP 地址资源，通过将 EIP 绑定到云上的资源，云上资源就可以与 Internet 上的资源进行通信。

（3）安全组服务（security groups）。

安全组是一组对实例的访问规则的集合，可为同一个 VPC 内具有相同安全保护需求并相互信任的实例提供访问策略。

（4）虚拟防火墙服务（virtual firewall，VFW）。

虚拟防火墙用于子网级别的安全防护。防火墙是一个或多个子网的访问控制策略，根据与子网关联的入方向/出方向规则，判断数据包是否允许流入/流出关联子网。

3. 云计算网络的特点

网络是数据中心最核心的功能，对网络来说，最关键的两个性能指标是带宽和延迟。云计算是多租户场景，因此多租户域间隔离和跨域访问以及动态的网络变化也是数据中心网络非常重要的特点。

（1）域间隔离和跨域访问带来了更多的东西向流量。

在线事务处理（online transaction processing，OLTP）的工作负载主要由南北向流量控制：首先由客户端发出请求，然后由服务器响应，通过相对简单的三层网络结构就能得到很好的服务。但是，随着社交媒体和移动应用程序的爆炸性增长，流量模式已从南北向（客户端和数据中心之间的流量）转变为东西向（数据中心内的流量）。

VPC 是云服务商在数据中心内为用户提供的一个逻辑隔离的区域，用户可以在自己定义的虚拟网络中创建云服务资源。底层的虚拟网络系统保证了不同用户网络区域的隔离。

但是，不同的私有网络区域并不是完全封闭的，有些场景需要跨域访问。当用户通过自己的 VPC 访问另外某个 VPC 中的服务的时候，通常有两种做法：一是使用公网 IP 通过公网访问，二是通过提供一些特定的满足安全机制情况下的跨域访问服务来访问数据中心内部的网络路径，以提高访问效率，这就是数据中心内部的跨域访问。再比如，数据中心按照区域和可用区进行划分，用户在不同的跨区域的数据中心多地容灾或者使用特定的服务和数据通信，则需要跨数据中心访问。

通过 VPC 把不同用户或者系统的资源隔离开，是为了安全的考虑；跨域访问，则是在保证安全基础上，实现特定的性能和功能目标。

（2）动态的网络变化。

单个数据中心服务器的规模可以达到数万台，建设如此大规模的服务器集群，需要将数千台网络设备连接在一起。这种大规模的数据中心的网络管理难度大、网络运行故障定位难，运维成本非常高。大规模数据中心动态网络的变化主要体现在云计算是多租户模式，不同的租户业务之间要完全隔离，

数据中心通过虚拟网络来实现不同租户网络域的隔离。租户以及租户的资源一直处于动态变化中，而这就加剧了网络变化的频次和难度。

（3）更大带宽和更低延迟的需求。

前文提到，大数据迅猛发展，数据量越来越大，网络传输的带宽也在快速升级。英特尔公司估计，叠加云数据中心东西向流量后，内部的流量将以每年25%的速度增长。预计未来两三年，云数据中心内部网络带宽将逐步过渡到100 Gbps。

带宽逐步增大，意味着许多现有的网络数据处理架构会逐渐无法满足如此高性能的处理要求。例如，为了提升通用服务器的数据包处理效能，英特尔公司推出了服务于 IA （Intel Architecture） 系统的 DPDK （Data Plane Development Kit，数据平面开发套件），并且现在已经有了完全硬件卸载的网络处理设备进行批量部署。

除了网络带宽，网络延迟对业务的影响也非常大。研究表明，页面加载速度每延迟 1 秒，会导致页面浏览量下降 11%。而在金融业中，即使只有 1 毫秒的延迟，也会对高速交易算法的性能产生巨大影响。

3.4 云计算的发展趋势

在 5G、AI、大数据与云技术深度融合的背景下，云计算产业呈现出多种新的演进方向。

3.4.1 云计算从中心云向分布式云演进

中心云是云计算最初的模式，也是当下主流的云服务模式。但是，现在越来越多的客户要求云服务商提供分布式云。

根据 Gartner 的定义，分布式云是将公有云服务（通常包括必要的硬件和软件）分布到不同的物理位置（即边缘），而服务的所有权、运营、治理、更新和发展仍然由原公有云服务商负责。

分布式云主要可以解决网络带宽问题和时延问题。带宽问题主要指带宽数量和成本问题，国内的 BGP 带宽相对较贵，而如果在本地的边缘就近接入，其成本就会大幅降低。此外，很多客户对时延有要求，但如果将这个业务放到中心云上面，云离客户的业务场景较远，就无法解决时延问题。目前，很多客户因为时延无法满足，导致一些生产线的 IT 应用无法上云，而通过分布式云、边缘云的方式，就可以很好地解决时延问题。另外，分布式云在一些场景里面也能满足客户把数据和应用放在企业内部的诉求。

当然，分布式云只是中心云的延伸，而不是要替代中心云，也不会演变为以分布式云为主的模式。未来的云计算仍将以中心云为主，分布式云只是在某些中心云不能满足要求的场景下才被采用。构建云、网、边一体化架构，将是云计算发展的方向和途径。

3.4.2 多云仍然是发展趋势

根据 2021 年 Flexera 所做的云状态报告，92% 的企业在 IT 架构上选择多云战略，其中 82% 的企业选择混合云，10% 的企业选择多个公有云。企业平均会使用"2 个以上公有云 + 2 个以上私有云"。也就是说，企业 IT 架构日益复杂化，多云战略已经是当下大多数上云企业的选择。

客户选择多云战略，首先是基于安全的考虑，客户不希望"把所有鸡蛋都放在一个篮子里"，如果使用 2 个云服务商或者多个云服务商的服务，同时出问题的概率就会大大降低。其次，就是考虑高可用性的问题，因为如果只上一个云，就无法实现高可用性。虽然理论上讲可以采用跨服务区的方式实现这个目标，但仍无法保证因单一云服务商出现故障造成的风险。因此，多云仍是提高可用性的一种有效方法。

最后，就是商务角度的考虑：如果只使用一个云服务商的服务，那么客户的议价能力肯定会变弱。从供应链管理的角度看，有多个云服务商，也意味着供应链管理更可控。

3.4.3 软硬协同是云服务商的发展趋势

早期的云服务商主要购买 x86 服务器，加上云软件来管理调配资源，并动态地将资源分配给客户。当时，云服务商主要专注于在软件层对外提供服务。

现在，云服务商规模越来越大，比如，AWS 在网运营的服务器已达到数百万台，且每年还在大量采购新服务器。云服务商给客户提供的是服务，特别是公有云客户并不关心底层硬件，因此，到了一定规模后，云服务商可以自己主导来设计硬件。

例如，华为于 2019 年推出了业界第一款基于 7 纳米芯片的数据中心处理器鲲鹏 920；2015 年，AWS 收购了以色列芯片公司 Annapurna Labs，并于 2018 年推出第一代 Amazon Graviton 处理器，其通用服务器芯片 Graviton 3 于 2021 年底问世；2021 年 10 月，阿里发布首个基于 ARM 的通用服务器芯片倚天 710。除了硬件，这三家公司也都推出了自研的软硬一体化的虚拟化技术架构，分别是华为擎天、亚马逊 Nitro、阿里云神。

云服务商之所以选择自研芯片，主要出于两方面考虑：一是达到一定规模后可以降低芯片成本；二是提升效率，英特尔、AMD 等厂商出售的多是通用芯片，他们不擅长研发专用芯片，而云服务商自研专用芯片可以更好地实现创新，获得更高的性能。

在原先已有的软件优势下，头部云服务商正在追求软硬一体全栈化发展，目前已渐成规模。

3.4.4 从 IaaS 到 PaaS 再到 SaaS

上文提到，云服务商正向软硬一体化方向发展。从软件的层面看，云服务商提供的服务越来越多，覆盖 IaaS、PaaS、SaaS 全产业链。

早期的各家云服务商大都从 IaaS 层开始，因为 PaaS 门槛较高，初期发展较慢。但近年来，PaaS 增速飞快。而随着"IaaS + PaaS"逐渐发展成熟，如今呈现出从 IaaS、PaaS 往 aPaaS 和 SaaS 发展的趋势。特别是近年来受疫情影响，协同办公、视频会议等 SaaS 产品需求明显增加。

从客户角度来看，用户不再仅仅满足于 IaaS 资源的云化，而是更希望通过 SaaS 化来实现业务系统全面云化。

因此，数据与人工智能的结合将更加紧密。云服务商可在云计算平台上实现数据和人工智能工具的融合，挖掘更多数据的价值，将帮助企业客户在传统的生产、运营、管理等领域进行变革，实现数字化转型。

人工智能的发展依赖数据、算法和算力——本质上，人工智能应该跟大数据集成得更加紧密。以前，业内经常谈"湖仓一体"，即数据湖与数据仓库融为一体；现在更进一步，在"湖仓一体"的基础上，把 AI 的能力加上去，便成了"数智融合"。大数据、数据仓库、人工智能等互相融合，变成数据云的平台服务。

以华为云为例，目前其已推出融合了数据管理、训练、推理、算法等于一体的数据治理生产线和 AI 开发生产线产品。

总之，在 5G 和人工智能技术的推动下，云计算产业将迎来更好的发展机遇，成为支撑信息技术产业发展的重要基石。在"东数西算"的背景下，如何将数据从东部送到西部进行计算，如何分配算力和布局，已成为云服务商面临的关键问题。无论如何，云产业又将迎来一次重大升级，混合、开放、创新是云计算产业发展的方向。

3.5 典型应用案例：地市政务云

3.5.1 背景分析

随着云计算技术不断成熟，政务云为统一的政务信息平台建设提供了新工具，为数据共享融合提供了技术便利。

考虑到政府数据的安全性问题，政务云一般采用私有云模式；但是，又考虑到公有云的弹性优势，也可以采用"私有云＋公有云"的混合模式。比如，国家政务服务平台便按需采购公有云平台服务，作为国家政务服务云平台的资源补充，主要用于分担部分国家政务服务云平台互联网区的突发访问压力，在业务高峰时引流至公有云弹性资源上，形成国家政务服务云平台互联网区的混合云弹性架构。

在层级结构上，各地会根据当地情况采用不同的层级结构：贵州采用的是全省一个云平台的模式；浙江采用的是省、市两级架构的"1＋N"朵政务云，即 1 朵省级政务云、N 朵地市政务云，省级政务云主要为省级单位提供云计算服务，市级政务云为本地（含县、市、区）单位提供云计算服务，县级政府原则上不再建设政务云平台；广东采用的是"1＋N＋M"全省一体化的政务云平台模式，即1个省级政务云平台、N个特色行业云平台、M个区域级和地市级政务云平台（经济相对较发达的珠三角地区城市建设本地的市级政务云，经济相对欠发达的粤东、粤西、粤北地区城市则由广东省统一建设若干区域级政务云）。

3.5.2　建设目标

建设本地化的"数字政府"政务云平台和完善的政务云集约化发展体系，可大幅提升基础设施利用率，基本消除重复建设、资源浪费现象；灾备体系完善，可及时应对突发地震、火灾等重大风险；网络与信息安全保障体系健全，保障能力显著增强，业务应用部署周期进一步缩短，运维保障效率显著提升，使政务云建设和应用水平走在全国前列。

1. 建设统一的机房基础平台

为满足政务业务应用统一承载的建设需求，首先要建设统一的机房基础设施，根据各系统业务的IT需求建设高密度数据中心，以满足地市政务信息化可持续发展的需求。

2. 构建统一的云基础设施平台

采用分布式的两级云平台架构，统一技术标准、统一运维规范，建设横向互联、纵向贯通、安全可靠的市级政务云，满足本级政务部门新增业务应用部署和现有的业务应用系统迁移部署的需要。

3. 优化升级政务网络平台

优化升级电子政务外网，满足业务与数据逐步集中部署对性能与可靠性的需求，实现政务外网与非涉密专网的互通，按照"互通、开放、共享、安全"的原则，进行设备升级，双节点备份，解决网络单点故障问题，全面提升网络承载能力和安全保障能力，满足业务集中部署的网络要求，统一政务外网出口、统一互联网出口、构建稳定可靠的政务网高速公路。

4. 完善统一的容灾管理体系

政务云平台可实现同城应用级容灾、同城或异地数据级备份：通过多层次的业务容灾设计，可抵抗不同级别的系统风险，确保业务的连续性服务；而完善的可视化容灾管理，可以简化容灾管理实现的难度和复杂性。

3.5.3 建设方案

1. 总体建设方案

政务云采用分布式架构进行部署，建造统一标准规范体系的电子政务云，总体架构如图 3-16 所示。

（1）三个层次和三大体系。

在统一的网络基础平台之上，可以把服务分为三个层次和三大体系，分别为 IaaS 层服务、PaaS 层服务、SaaS 层服务，以及信息安全保障体系、运维保障体系、灾备管理体系。

①IaaS 层服务：基础设施服务层主要提供可扩展的计算、存储和虚拟化管理与服务，以支撑业务快速部署的应用与服务，主要提供云主机、物理机、云存储、云网络、云灾备服务等。

②PaaS 层服务：应用支撑服务层主要提供标准的数据库、中间件、大数据平台。用户可以基于该平台进行应用的快速开发、测试、分析和部署运行。它依托云计算基础架构，把基础架构资源变成平台环境，并提供给用户和应用。

③SaaS 层服务：主要依托统一的云平台部署政务部门应用、政务公共应用与互联网应用，主要提供政务微信、智能客服、热力图、人脸识别能力。

（2）同域机房和异地机房。

政务云平台基于同城两个机房和异地机房建设，三个机房之间通过光纤互联，互为备份。同城机房形成具有跨数据中心保护的双数据中心，异地机房为数据备份机房。其中，每个数据中心又划分互联网分区、政务外网分区以及行业专网区。

①互联网分区：承载政务直接面向互联网用户的业务系统资源区，主要包括但不限于政府门户网站、网上服务大厅、政务服务中心等。根据业务类型，资源池一般包括业务资源池、开发测试资源池和大数据资源池。

②政务外网分区：承载政务外网业务，根据业务类型，又可分为共享业务区和专享业务区：共享业务，如行政审批、应急指挥等系统；专享业务，如

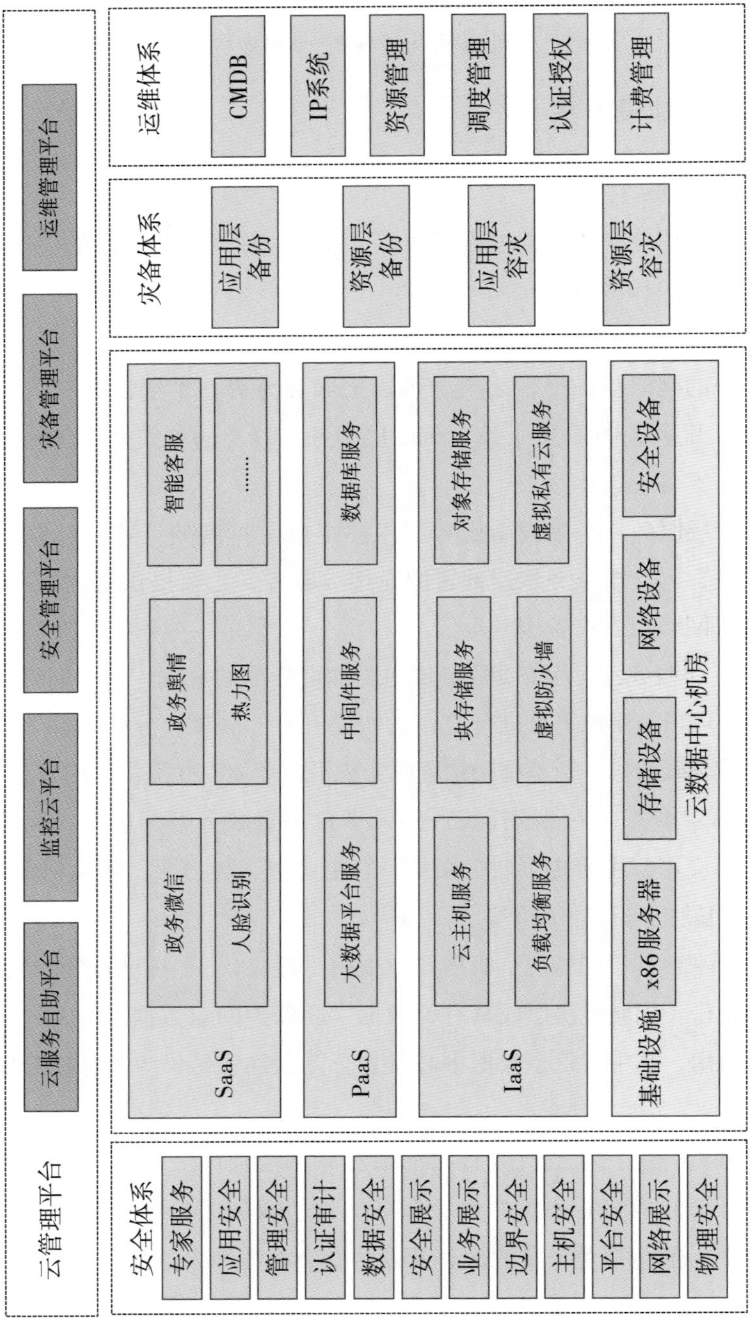

图 3-16 政务云平台总体逻辑构架

工商管理、交通管理、住房管理等专业性业务系统。

③行业专网区：承载政务行业专网中相对敏感的业务系统，应与其他区域实现完全的物理隔离。

2. IaaS 建设方案

（1）计算资源池建设方案。

政务云平台通过在服务器上部署虚拟化软件，将硬件资源虚拟化，从而使一台物理服务器可以承担多台服务器的工作。基于云平台虚拟化技术实现存储网络的虚拟化、资源共享、灵活分配，实现业务服务器的整合和调配、集中化以及基于策略的管理，以适应快速发展的业务需求，降低 IT 总持有成本，聚焦核心业务发展。

基础设施虚拟化解决方案可以满足各委/办/局业务云化迁移和新建业务云化的场景，满足各委/办/局快速发展的信息化建设需求。

政务云平台采用的虚拟化平台技术在架构、功能上一致。本项目资源池虚拟化平台均采用华为 FusionSphere 解决方案实现，其逻辑架构如图 3-17 所示。

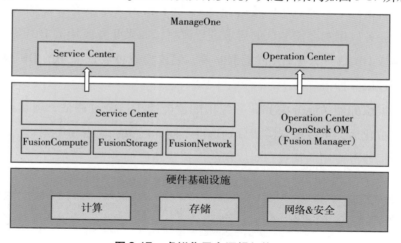

图 3-17　虚拟化平台逻辑架构

FusionSphere OpenStack 是基于 OpenStack 社区版本进行增强、加固后的企业版本，对外展现统一的 RESTful 接口，对计算、存储、网络虚拟资源进行集中调度和管理，降低业务的运行成本，保证系统的安全性和可靠性，协助电信运营商和企业用户构筑安全、绿色、节能的云数据中心能力。

政务云平台计算资源池部署满足 CPU、内存资源量的 x86 服务器，通过将互联网区和政务外网区的计算资源进行隔离设计，满足系统等保三级要求，以保障互联网和政务外网业务的安全性。

通过配置选型高可靠、性能卓越的服务器以及资源的 HA 集群设计，提供高性能、可靠的计算资源池。在虚拟化资源池建设中，选择性价比高的 2 路机架服务器进行建设。政务外网区虚拟化服务器配置部署 2 路机架服务器，内存 512 G，使用 2 块 900 GB SAS 硬盘。承载 VM 的服务器通过 10 GE 光口上行连接业务交换机，通过 10 GE 光口连接 IP-SAN 交换机，以连接 IP-SAN 存储设备。

虚拟化资源池用于部署大部分的政务业务系统。对于不同业务的服务器需求，首先需要判断该业务服务器是否能够采用虚拟化方案：不能虚拟化的，需要采用能够满足实际需求的服务器进行配置；其他的，则建议统一采用虚拟化方式，根据采集或预估的计算资源需要，采用相应配置的虚拟机来满足该需求。

通常情况下，虚拟化比较适合 WEB 服务器和 App 服务器。DB 服务器需要根据业务应用对存储 I/O 的需求进行评估，如果业务应用的 DB 服务器 I/O 要求高或 DB 服务器有 HA 或集群需要，建议将该种业务应用的 DB 服务器部署在物理服务器上。

根据服务器功能分类和业务应用的性能需求，经过评估，确认业务应用可以虚拟化后，可以根据需要分别选择不同的虚拟机规格和类型。

根据业务应用的特点，对应用的虚拟化建议如表 3-2 所示。

表 3-2 虚拟化适应性分析

应用类型	应用需求	CPU 需求	内存 需求	网络带 宽需求	存储 需求	存储 I/O 需求	存储带 宽需求	虚拟 适应性
通用管理 应用系统	通用类型	L	L	L	L	L	L	适合
大计算量 应用系统	计算密集型	H	H	M	L	M	M	适合
大访问量 应用系统	浏览密集型	H	H	H	M	M	L	适合

续表

应用类型	应用需求	CPU需求	内存需求	网络带宽需求	存储需求	存储I/O需求	存储带宽需求	虚拟适应性
大数据量应用系统	大I/O小数据量	M	H	M	M	H	M	一般
	小I/O大数据量	M	M	H	H	M	H	适合
	访问写密集型	H	H	H	H	M	H	一般
	访问读密集型	M	H	H	H	M	H	适合

注：L表示低；M表示中；H表示高。

在下列情况下，建议直接使用物理机来满足业务对计算资源的需要：

①对服务器运算性能要求特别高，在单个物理服务器上配置最大计算能力的虚拟机依然不能满足业务应用的计算能力要求；

②对显卡处理能力要求特别高的业务应用；

③现有软件许可加密方式不支持虚拟化的场景；

④业务应用对服务器有特别的板卡要求，且板卡不支持在虚拟化环境中运行。

⑤物理服务器是传统机房使用的计算系统，能够将系统软件的性能很好地表现出来。

（2）存储资源池建设方案。

政务云项目物理存储包括FC-SAN、IP-SAN、NAS组成三个逻辑存储资源池，三个逻辑存储资源池分别提供高性能资源池、大容量资源池、备份资源池。

政务外网业务区和互联网业务区的云主机数据部署在分布式存储和FC-SAN上，存储连接的交换机需配置冗余，以确保链路的高可用性，在存储底层划分LUN并映射给不同的计算资源使用，逻辑上需要做到访问隔离。

政务外网业务区和互联网业务区的高负载数据库和高负载应用数据都部署在FC-SAN存储上，使用冗余的光纤交换机和服务器进行交叉互联，在存储底层划分LUN并映射给不同的计算资源使用，逻辑上需要做到访问隔离。

政务外网业务区和互联网业务区的备份数据都保存在NAS存储上，使用冗余的光纤交换机和备份服务器进行交叉互联。

集中式存储是目前市场中主流的存储形态，采用专有的企业级存储硬件架构把多个硬盘组成一个阵列，当作一个大资源池使用，它以分段的方式将数据储存在不同的硬盘中。存取数据时，阵列中的相关磁盘一起动作，既能保证可靠性性，又能大幅减少数据存取时间，同时有更高的空间利用率。

高端存储可为核心业务提供最高水平的数据服务，满足大型数据库 OLTP/OLAP、云计算等各种应用下的数据存储需求。云存储架构如图 3-18 所示。

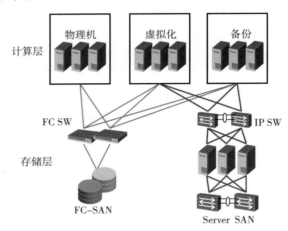

图 3-18　云存储架构

云存储架构使用两套高端集中存储支撑政务外网区业务：

①一套 FC-SAN 高端存储：使用 FC 组网，支撑物理机和高性能数据库业务，以及部分性能要求高的虚拟化业务。

②一套 Server SAN 存储：使用 10 GE IP 组网，支撑云主机和性能要求不高的业务。Server SAN 是由多个独立的服务器所带的存储组成的一个存储资源池，有着良好的性价比和扩展性。

对于每台高端存储，每个控制器出 2 根 FC/IP 线缆，分别连接到 2 台交换机；同时，每台服务器出 2 根 FC/IP 线缆，分别连接到 2 台交换机。因此，每台服务器到每台高端存储的物理连接可高达 16 条物理路径，通过多路径软件统一管理所有物理路径，从而实现业务链路的高可靠性。在多条物理链路都正常的情况下，多路径软件可以实现负载均衡，充分发挥系统整体性能。利用多条链路的带宽，在提高系统整体的吞吐能力的同时，还提升了系统的可靠性。

（3）网络资源建设方案。

在政务云网络方案设计中，应遵循高可靠性、高安全性原则，网络架构的总体规划遵循"分区 + 分层 + 分平面 + 安全"的设计理念："分区"是指按照业务特点和安全要求划分不同的业务区域；"分层"是指采用核心层和接入层两层扁平结构；"分平面"是指采用业务平面、管理平面、存储平面分离的设计方法，提高系统的可扩展性、安全性和可维护性；"安全"是指在不同业务区域之间以及在数据中心出口等位置部署安全设备，实现业务的安全访问和数据的安全保障。政务云网络整体架构如图 3-19 所示。

针对政务业务高安全性的要求，对政务外网与互联网业务的不同安全威胁必须区别处理；在互联网区，通过高速链路连接互联网骨干网；在政务外网区，通过高速链路连接政务外网，满足各委/办/局业务接入政务外网与互联网的需求。

总的来说，可以按照业务特点，将数据中心分成政务外网区、互联网区、管理区、安全数据交换区和存储区。

①政务外网区：政务外网区用于部署政府职能业务，并提供各委/办/局行业专网的接入，满足政府各部门协同共享办公的需求。

②互联网区：互联网区用于数据中心与多个互联网运营商网络互联，为数据中心提供高速的互联网出口链路，实现数据中心与互联网之间的互通。数据中心可提供面向公共的业务服务以及 WEB 应用服务等。

③管理区：管理区用于数据中心的管理，部署运营管理软硬件设备，具有业务申请、退订和自动化发放的功能。此外，还要部署运维监控平台，监控整个数据中心的设备性能，包括对服务器、存储、网络、安全等设备进行管理；同时作为带外接入管理使用，在紧急情况下，可通过维护端口接入到数据中心的硬件设备。

④安全数据交换区：按照政务云要求，政务外网区与互联网区实行安全隔离，如果有需要交换的数据，应通过数据安全交换区来交换。数据安全交换区需要部署网闸设备，交换区的具体配置应根据网闸设备要求的部署要求来进行。

⑤存储区：存储区使用单独的网段进行数据传输，数据流与业务平面互相分离，独立运行，保证链路状态冗余、可用。

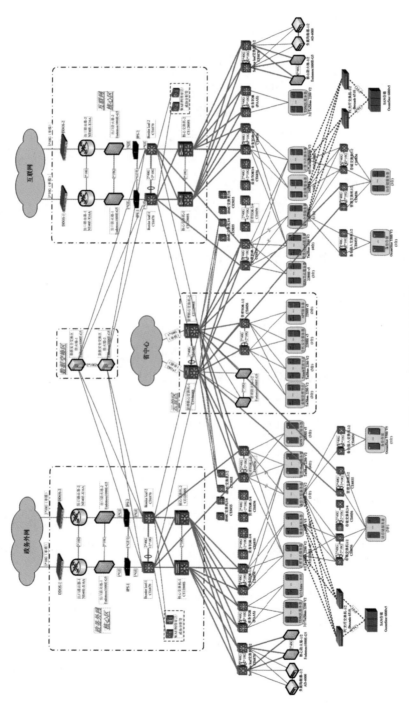

图 3-19　政务云网络拓扑图

由于采用了虚拟化技术，云平台的管理系统与计算资源、存储资源需要在网内交换大量的管理和监控数据；虚拟机需要挂载存储区的存储资源，也需要有海量的数据在数据中心网内传输；同时，网内还要传输虚拟机的业务数据。为了更好地支持这三类业务数据的传输，可在数据中心内部将网络划分管理、业务、存储三个平面，三个网络平面在物理上相互隔离，互不影响。

①管理平面：用来承载数据中心网络、服务器、存储及安全等设备之间的管理数据、指令操作数据以及云计算系统的维护和监控数据。

②业务平面：用来承载用户端到数据中心各个业务应用系统的流量以及数据中心内部云主机之间的流量。按照业务类别的需求，业务平面可进一步划分为不同的业务服务区。

③存储平面：用来承载计算子系统和存储子系统之间的存储流量。存储平面网络是一个独立的隔离网络，其作用是保证存储网络的服务质量和安全。

以上三个平面各自通过独立交换机组网，保证平台的可靠性，服务器通过不同网卡接入不同网络平面。这就避免了各类网络之间的竞争和由此产生的拥塞，有效提升了网络的性能。

此外，可采用 SDN 方案实现数据中心业务与网络的联动，以及物理、虚拟网络配置自动化下发、统一运维的需求。

（4）基于 SDN 的云网协同方案。

政务云平台采用"云网协同"的网络设计方案，通过 SDN 实现租户网络的动态创建和维护。根据业务应用部署的需要，为每个委/办/局的 VDC 创建不同的 VPC 网络，满足不同业务上云的需求。

核心和接入交换机启用 VxLAN 功能，实现各委/办/局在数据中心内的安全隔离。云数据中心为租户提供虚拟防火墙、虚拟负载均衡等功能，并提供统一的安全防护。各委/办/局通过电子政务外网接入数据中心，访问计算、网络、存储等资源。

①SDN 网络整体架构。

针对某市政务云需求，采用数据中心网络解决方案，主体包括云平台、敏捷控制器、数据中心，可实现数据中心业务与网络的联动以及物理网络与虚拟网络统一运维的需求。

方案主体分为以下几个部分：

——管理门户：主要面向数据中心用户，向各类管理员提供管理界面，实现服务管理、业务自动化发放、资源和服务保障等功能。

——云平台：主要包括各种组件，通过组件实现对应资源的控制与管理，实现数据中心内的计算、存储、网络资源的虚拟化与资源池化，并通过不同组件间的交互实现各资源间的协同。

——网络控制器：完成网络建模和网络实例化，协同虚拟与物理网络，提供网络资源池化与自动化；同时，构建全网络视图，对业务流程实现集中控制与下发，是实现 SDN 网络控制的关键部件。

——Fabric 网络层：数据中心网络的基础设施，提供业务承载的高速通道。本项目采用 VxLAN 技术，使用 MAC-in-UDP 封装来延伸 L2 层网络，实现业务和资源与物理位置的解耦，为数据中心构建一个大二层逻辑网络。同时，VxLAN 使用 24 bit 的 VNI（VxLAN Network Identifier）字段标识二层网络，可支持超过 1600 万的网络分段，解决了 VLAN 最多只有 4096 个子网的缺陷。

——服务器层：方案支持基于虚拟化服务器、物理服务器与裸金属服务器接入。其中，虚拟化服务器是指将一台物理服务器使用虚拟化技术虚拟成多台虚拟机和虚拟网络交换机，虚拟机通过虚拟交换机接入 Fabric 网络；物理服务器是指将物理服务器通过 L2BR（Layer 2 Bridge）的方式，通过物理交换机接入 Fabric 网络；裸金属服务器是通过将一个物理机看作一个实例，使 OpenStack 与服务器的硬件直接进行交互，实现 OpenStack 云平台对物理机的直接管理。

②SDN 设计架构。

根据政务业务上云需求及技术要求，政务外网区和数据缓冲区数据中心可提供如下组网方案，以便实现大资源池以及高可用、可扩展、自动化等目标。其中，互联网区与政务外网区的组网方案一致。

——基础网络：采用 Spine-Leaf 架构，Overlay 网络使用 VxLAN 构建大二层，VTEP（VxLAN Tunnel Endpoint，VxLAN 隧道终端）则部署在 Leaf 交换机中。

——网关：采用硬件集中式，一个 Fabric 可部署多组网关，支持业务的扩展。

——南北向流量：采用硬件防火墙，虚拟化服务器采用安全组进行 Fabric

内部的互访控制，物理机在 Leaf 交换机上部署安全组，实现安全控制。

——SDN 网络控制器：对接云平台，实现网络业务的自动化部署；对接虚拟化平台，实现 vSwitch 的管理和配置。

③VxLAN 组网。

为满足云网融合及 SDN 大二层网络需求，服务器接入区分区采用 VxLAN 技术构建 Fabric 网络，方案设计分为 Underlay 承载网设计以及 Overlay 业务网络设计两大部分。该架构如图 3-20 所示。

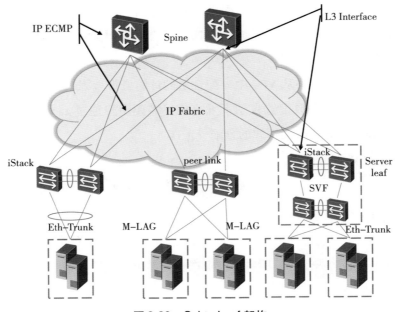

图 3-20　Spine-Leaf 架构

——Underlay 设计：资源池业务分区内的 Underlay 网络方案采用的是成熟的 Spine-Leaf 架构，支持横向按需扩容，提高分区的接入能力。Leaf 与 Spine 全连接，等价多路径则提高了网络的可用性。

——Overlay 设计：资源池分区内的 Overlay 网络方案使用 VxLAN 技术构建大二层网络环境。按照 VTEP 与 VxLAN GW 由物理交换机实现还是由软件 vSwitch 实现，当前的 VxLAN 方案可以划分为硬件 Overlay 组网、软件 Overlay 组网和混合 Overlay 组网等三种。

考虑到政务应用对网络性能的要求较高，并都需要对虚拟化资源和物理

服务器进行网络自动化管理，该政务云的设计采用纯硬件方案，即将接入交换机 CE 交换机设备作为 VTEP 节点。

④网络业务自动化。

要实现网络业务自动化，首先要做好自动化预配制，然后才能实现网络业务的自动下发。

自动化预配置是网络业务自动部署方案的基础，在这一步中，管理员需要根据物理资源分区设计原则预先对数据中心网络进行物理分区规划、IP 地址规划、二层域配置、三层路由配置、管理平面配置、防火墙配置、服务器接入等基础网络的搭建，然后通过 SDN 进行自动化预配置，实现物理网络与逻辑网络的关联。

业务发放是指用户从 VPC 中分配合适的计算资源以及网络资源承载业务应用。在进行业务发放配置自动下发之前，需要用户通过云平台完成 VDC、VPC 定义以及计算、存储资源的分配等工作。

3. 主备容灾方案

云主备容灾可为云主机提供异地容灾保护：当生产中心发生故障时，可在异地容灾中心快速恢复云主机，确保业务的可持续运行。

云主备容灾服务基于开放的 OpenStack 架构，可为用户提供针对云服务器的跨数据中心主备容灾服务。用户可以根据业务需要，灵活申请对指定云服务器进行主备容灾保护，以便在生产中心故障时快速切换到灾备中心，恢复业务。

主备容灾方案逻辑架构如图 3-21 所示。

该逻辑架构图自下而上分为四层：

（1）基础设施层。

基础设施是指物理数据中心的计算、存储、网络等资源，支持主流厂商的服务器、存储、网络设备可依据不同的性能、可靠性、容灾、组网结构划分成多个 AZ，以匹配业务的不同需求。其中，两个数据中心需要容灾的站点需要配备 OceanStor V3 存储及华为资源虚拟化 VRM/KVM 平台。

（2）虚拟化层。

虚拟化层是指实现计算、存储、网络虚拟化的资源池。该层通过华为 Fu-

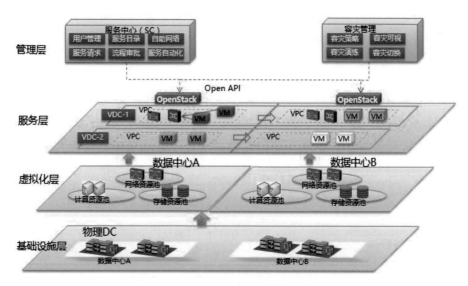

图 3-21　主备容灾方案逻辑架构图

sionSphere 统一进行管理，将物理数据中心内不同类型的虚拟化平台统一纳入 OpenStack 框架，形成统一的资源池。

（3）服务层。

服务层可融合各个物理数据中心的统一资源池，形成跨数据中心的全局统一资源池，并基于该资源池提供按需分配的资源服务。

①VDC 服务：基于 VDC 的形式，将全局统一资源池内的资源灵活地分配给不同租户、不同部门或业务域。VDC 服务包含计算、存储、网络资源的打包分配，用户相当于获得了一个独立的 DC。VDC 内的资源可以跨多个可用域（AZ），当 VDC 内某个可用域的资源发生故障时，可以通过灾难恢复的方式恢复到同一个 VDC 的其他可用域中。

②VDC 内的云服务：在 VDC 内部，基于服务的形式，管理员可以将 VDC 内的资源自主分配给 VDC 用户（服务类型包括云主机、云磁盘、云容灾、弹性 IP 和应用服务）。

（4）管理层。

服务中心（Service Center）可为服务层提供的服务提供运营管理，包括用户管理、服务目录管理、服务请求、流程审批和灾备服务管理等。

容灾管理（BCManager eReplication）可为容灾提供一键式管理功能，包括容灾策略、容灾演练和一键式容灾切换等。

4. 安全管理方案

政务云安全体系从安全技术、安全管理以及安全服务三个维度构建（如图 3-22 所示）。为保障整个政务云平台的基础网络设施安全，需构建访问控制、信息完整性保护、系统与通信保护、物理与环境保护、检测与响应、安全审计、备份与恢复虚拟机安全管理、虚拟安全池化、虚拟安全域隔离等方面的一个政务云安全防护体系。

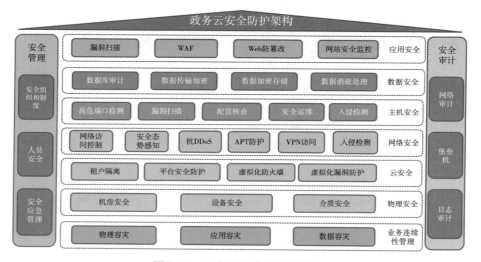

图 3-22　政务云安全防护架构图

第一层防护：外部单位至云数据中心的物理边界防护，即云平台南北向的安全防护。

第二层防护：数据中心不同业务区之间的安全防护。

第三层防护：在数据中心内部，不同租户间的东西向防护，采用 VPC 中的虚拟防火墙进行访问控制；同一租户内的业务隔离，采用安全组的方式进行控制。

第四层防护：在数据中心内部署安全资源池，各租户根据需求调用安全资源池中的防护能力，用于满足自身的安全需求。平台整体搭建大数据安全态势感知平台，负责全面的网络安全态势展示及通告预警。

3.5.4 IPv6 建设方案

当前，数据中心交换机都支持 IPv4/IPv6 双栈，在未来很长一段时间内，数据中心内部还是会保持双栈的运行模式。总体来讲，后续还是以云网一体化的 IPv6 场景为主。

在网络层面，Underlay 是以 IPv4 为主，Overlay 是以 IPv6 为主（也就是说，从服务器接入时是 IPv6，网络设备之间走的是 IPv4，出数据中心之后又回归到 IPv6）。

同时，附带安全等 L4 ~ L7 层的设备，可提供对应的 NAT46 及 NAT64 自动化的功能。

3.5.5 政务云运维方案

政务云平台运维服务管理体系按照一个运维保障、一个呼叫中心、三级运维服务的架构进行建设。其涉及的领域和模块如图 3-23 所示。

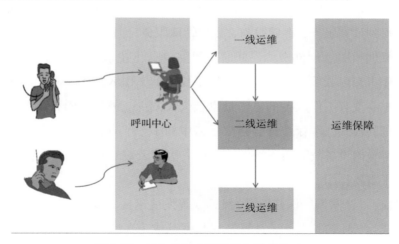

图 3-23 政务云平台运维服务管理体系

服务台是一项管理职能，而不是一个管理流程。它是 IT 服务提供方与 IT 服务客户和用户之间的单一联系点。一方面，当客户或用户提出服务请求、报告故障或问题时，服务台要负责记录这些请求、事件和问题，并尽量解决；在不能解决时，可以转交给相应的支持小组，并负责协调支持小组和用户的交互。另一方面，服务台还要根据支持小组的要求进一步联系客户，了解有关情况，并把支持小组的处理进展及时通报给用户。

在政务云平台运维体系中，呼叫中心可实现服务台的功能：呼叫中心负责系统监控、用户报障、用户使用等问题的处理；运维人员按照故障的类型和难易程度分为一线运维、二线运维和三线运维：一线运维负责简单问题的处理、服务实例的发放等操作；二线运维的升级负责处理呼叫中心和一线运维故障；三线运维负责处理二线运维的升级故障；运维保障团队负责制定运维标准以及进行采购、资源调配，分析运维数据，并提供业务支撑。

3.6　典型应用案例：医院上云

3.6.1　项目背景

云计算技术在医疗行业的应用，使得医院可以通过云共享的方式以较低的费用得到计算服务、存储服务、数据管理服务，而无须花费高额资金购买、维护、管理相关软硬件资源。同时，医院信息化技术人员就可以适当减少，大量工作可交由云服务商负责，这样不仅降低了引入技术、人才的成本，医院信息中心现有工作人员的工作量也会大大减少。进一步而言，由于采用了云端管理的模式，医疗数据会存放在云中的多个节点，且互为备份，这样就可有效避免因设备故障而影响医疗程序。医疗云对于提升医疗信息化的可靠性起到了重要作用。

目前，"互联网＋医疗"、分级诊疗等发展迅猛，电子病历、影像云、健康档案成为产业增长点，云计算及大数据已成为医院未来信息化及智能化的重要抓手。很多医院从上到下对 IT 云化、数据云化、信息协同的需求都非常强烈。一些具有多年信息化基础的大中型医院、公共卫生机构也根据自身的信息化建设发展规划，采用统筹规划、分期上云的方式，逐步将医院应用系统迁移到云平台。

3.6.2　需求分析

××医院是国家卫健委直管的综合性三级甲等医院，目前拥有主院区、A院区、B院区、C院区四个院区，主院区与A院区位于广州，B院区、C院区位于其他城市。主院区开放床位约2000张，日均门/急诊量超过1.4万人次；A院区规划床位数1500张（目前开放床位600余张），日均门/急诊量约4000人次；B院区规划床位数1500张（目前开放床位800余张）；C院区规划床位数1800张。医院本部在职员工超过5000人。

××医院希望以一个数据中心为基础能力核心，辐射该医院现有的A院区及B院区、C院区，未来实现D院区及附属医联体医院的能力覆盖，实现多个院区科学、有效、快速的融合，实现中心统一管理维护、分院合理调度分配的目标。

多院区融合后，主院区数据中心将具有极大的网络、计算、存储压力，扩容问题亟待解决。同时，融合后的维护范围成倍扩大，跨院区维护问题急需考虑。但是，目前的安全灾备措施不完备，一旦主院区数据中心出现故障，将影响多个院区的业务。

该医院存在原有硬件设备使用年限过长、安全和灾备措施不完善、运维压力过大等问题，正考虑逐步将原有应用系统迁移到运营商的医疗行业云专区上，在主院区原有的IT机房搭建本地应急灾备中心，灾备中心可部分利用原有部分设备，适当增加部分新设备。各分院区通过电路直接接入运营商机房。

由于目前该医院的HIS数据库服务器运行在小型机上，考虑到小型机扩容成本高、运维困难，且主院区原有IT机房资源紧张，最终确定将HIS数据库服务器x86化，采用业务全云化方案。

3.6.3　医疗云方案设计

方案设计原则：从实际需求为出发，降本增效；以行业要求为标准，遵从规范；以成熟稳定为原则，适当超前；以"两地三中心"为路径，构建架构统一、灵活弹性、稳定安全的多院区融合医疗云资源池。××医院医疗云方案的网络拓扑结构如图3-24所示。

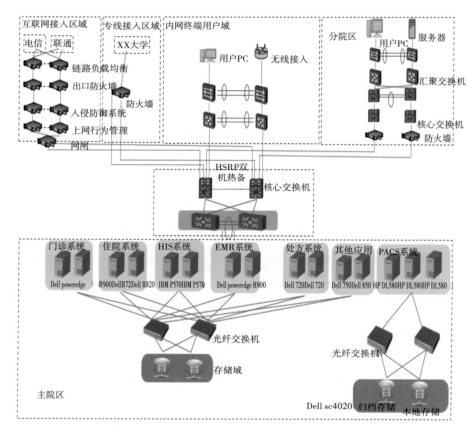

图 3-24　××医院医疗云方案网络拓扑结构

为了匹配医院信息化统一规划、分步实施、稳步推进的特点，本项目医疗云平台设计的原则和策略如下：

（1）可靠性及可用性：系统的可靠性包括整体可靠性、数据可靠性和单一设备可靠性三个方面。云平台架构应从整体系统上提高可靠性，降低系统对单设备可靠性的要求。系统的可用性要通过冗余、高可用集群、应用与底层设备松耦合等特性来体现，从硬件设备冗余、链路冗余、应用容错等方面充分保证整体系统的可用性。

（2）安全性：遵循业务行业安全规范，设计安全防护，保证客户数据中心的安全，重点保障网络安全、主机安全、虚拟化安全、数据保护。

（3）成熟性：从架构设计、软硬件选型和 IT 管理三个方面设计数据中心解决方案，采用经过大规模商用实践检验的架构方案和软硬件产品选型，保障方案的成熟性。

（4）先进性：合理利用云计算的技术先进性和理念先进性，采用虚拟化、资源动态部署等先进技术与模式，并与业务特点和具体业务需求相结合，确保先进技术与模式应用的有效与适用。

（5）可扩展性：支撑数据中心的资源需要根据业务应用工作负荷需求进行弹性伸缩，IT基础架构应与业务系统松耦合，这样一来，在业务系统进行容量扩展时，只需增加相应数量的IT硬件设备，即可实现系统的灵活扩展。

1. 总体架构

医疗云平台采用云计算分布式虚拟化数据中心技术，实现更高的资源利用率，充分利用云数据中心的资源提升运维效率，更加敏捷地进行业务部署，支持医院业务系统的快速上线。

①生产数据中心：该资源池支持重要信息系统单系统故障和区域性灾难的快速切换，并支撑该部分信息系统的长期运行；同时，提供不同安全等级的资源，提供云主机计算资源、云存储、云灾备、云安全等资源服务。该生产环境同时采用虚机的高可靠性、存储数据多副本以及数据库集群技术、双活存储等灾备技术，可避免因为物理硬件的故障而导致业务系统的中断。

②灾备数据中心：采用多种灾备技术手段，对业务系统进行异地容灾保护，可支持业务的全面、完整恢复。

2. 网络资源方案

医疗云平台内部组网按照面向云计算应用敏捷性的资源池化、快速弹性、按需自助的网络建设原则，通过VMware NSX及现有网络设备实现医院医疗云网络数据层面的虚拟化，进而通过网络虚拟化技术实现内部网络自定义，保证网络规划的自由性和敏捷性；通过NSX的分布式防火墙实现逻辑区域隔离，将内部网络划分为业务网络、存储网络、管理网络，以加强云平台内部网络的安全性。

（1）业务网络：在医院医疗云平台环境中，物理服务器和虚拟机都使用生产网络提供网络服务，按照客户的网络要求，为客户划分专属的网段，保证各网络的安全。医院之间的业务系统需要数据交换时，将使用云平台中的业务系统数据交换网络进行互联互通。

（2）存储网络：在云平台环境中，存储网络主要用于访问 FC-SAN 存储及分布式存储。

（3）管理网络：在云平台环境中，管理网络主要用于云管理平台或者其他管理设备的使用。

（4）负载均衡：在现有网络架构之上提供硬件级别的负载均衡服务，可有效、透明地拓展网络设备和服务器的带宽、增加吞吐量、加强网络数据处理能力、提高网络的灵活性和拓展性。负载均衡可将流量分摊到多个操作单元上执行，共同完成工作任务，从而提高系统可靠性。本项目将提供硬件级别的负载均衡服务（1~7 层），用于满足医院集成平台和 PACS 对负载均衡服务的需求。

同时，引入网络虚拟化技术，使得备机在接管业务时，无须花费时间手动配置网络和安全策略，而是借助网络虚拟化技术在数秒内自动进行调整，迅速接管业务，降低运维难度，极大限度地降低 RTO。网络主备架构如图 3-25 所示。

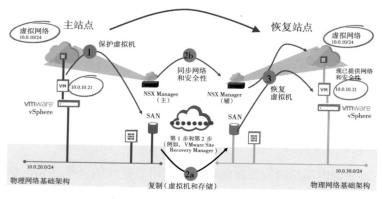

图 3-25 网络主备架构

3. 资源池化方案

从业务功能上区分，应用于医疗云平台建设的服务器主要分为数据类服务器和应用类服务器：数据类服务器包括数据库服务器、数据仓库和决策服务器、文档服务器、影像服务器；应用类服务器包括业务应用服务器、门户服务器、监管服务器、服务管理服务器、数据交换服务器、中间件服务器、数据中心管理服务器等。

其中，大部分服务器均采用虚拟机形式，但对于大计算量应用系统、高I/O访问应用系统、高并发访问应用系统以及对资源要求较高的应用系统来说，则采用合理的物理服务器。

云虚拟主机可通过集群技术保障高可用性：当云虚拟主机所在的物理服务器发生故障时，可快速将其切换到其他状态正常的服务器上，并通过动态资源调度技术自动进行负载均衡。在云虚拟主机在线自动迁移到其他物理服务器期间，应用不会受到任何影响，从而保障整个云虚拟主机集群的性能。

在实际应用中，单一的虚拟化并不能完全满足医院医疗业务系统的所有需求：在某些性能要求特别高（如数据库托管、高性能计算）或直接要求使用物理硬件信息或接口的场景下，还是要使用物理服务器。

4. 存储资源设计

根据医院实际业务需求，本方案采用多副本的分布式虚拟化存储方式。分布式软件定义的"存储"，旨在通过主机上与底层硬件集成并对其进行抽象化处理的软件层实现存储服务和服务级别协议的自动化。

分布式虚拟化存储是性价比极高的虚拟化层融合的存储解决方案，也是为虚拟化架构提供的一个高性能、可扩展的存储解决方案。这是一个适合任何虚拟化应用程序（包括关键应用工作负载）的企业级存储解决方案。

分布式存储一脉相承，沿袭了其高可靠性和技术领先性。为了确保数据的可用性，分布式存储采用分布式 RAID，确保在发生个别磁盘、个别主机或网络故障时绝不丢数据。管理者可透过分布式存储的图形管理界面设定允许的故障数目（FTT，failures to tolerate）属性，决定在多少台主机或磁盘失效后，分布式存储仍能维持数据完整。如果管理者不进行手动设定，分布式存储默认的 FTT 为1，这意味着这台虚拟机的磁盘将创建两个副本，每个副本放置在不同的主机上，使得数据在群集出现单个故障时仍有一个副本可用，数据不丢失，且业务正常运行。采用主流中高端设备及成熟先进的技术，可充分保障医疗云平台的高可用性及高可靠性。

5. 容灾方案

对医疗行业来说，任何导致业务连续性中断的事故和故障都是灾难，因此，医疗行业对于容灾的要求非常高。具体到医疗行业的不同业务，其容灾需求如表 3-3 所示。

表 3-3　医疗行业不同业务的容灾需求

应用	数据类型	性能要求	容量要求	业务连续性
HIS	数据库	高	低	高
EMR	数据库/文件	高	中	高
LIS	数据库	中	低	高
RIS	数据库	高	低	高
PACS	文件	中	高	高
集成平台	数据库	高	高	高
OA、门户	数据库/文件	中	低	一般

　　为保证业务系统的稳定和安全，从物理环境、网络结构、数据备份、应用连续性等维度设计平台容灾体系，可保证数据传输网络双保险、全量业务数据零丢失、核心业务连续不中断。

　　主机房与异地机房互为主备，可实现业务系统的全量异地容灾备份；核心业务系统通过应用容灾软件的方式，可保证业务的高可用性和连续性；全量数据可通过数据备份软件，以实时和定时的方式实现数据的本地和异地全量备份。医院与云平台通过两条专线线路连接，可实现网络的主备双保险，形成"两地三中心"的网络架构（如图 3-26 所示）。

　　（1）数据容灾：在数据中心 A 部署两套存储（双活模式），为业务主机同时提供读写服务；在数据中心 B，采用数据异步备份的方式进行数据保存。

　　当数据中心 A 的任意一台存储出现故障时，另一台存储可以无感知地接管业务；当两台存储均出现问题时，数据中心 B 的存储仍能接管业务，保障医院数据不丢失。数据中心 A（生产机房）与数据中心 B（灾备机房）之间的延时小于 5 毫秒。

　　（2）应用容灾：核心业务系统通过负载均衡设备实现业务零停机，通过第三方软件或数据库高可用功能实现数据库应用的高可用性。虚拟机承载的业务系统可通过虚拟化平台自身的虚机漂移技术保证业务的连续性。

　　6. 安全方案

　　本方案根据《信息系统等级保护安全设计技术要求》，保护环境按照安全

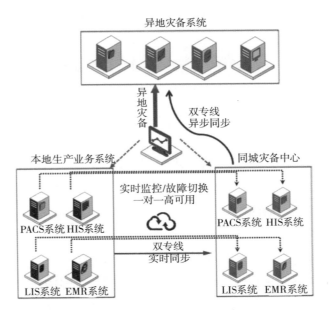

图 3-26 "两地三中心"拓扑图

计算环境、安全区域边界、安全通信网络和安全管理中心进行设计，内容涵盖基本要求的 4 个方面。安全资源池的建设遵循以下思路：

（1）南北向流量：通过传统边界安全设备（如沙箱、入侵防御等），实现南北向流量的安全隔离，通过网络层面解决病毒、木马的入侵。

（2）东西向流量：通过部署 NFV 功能的虚拟安全池实现东西向流量的安全保障，解决主机通信之间通过网络访问的安全隐患；通过密钥的方式解决安全隔离区服务器之间的通信问题。

在实际操作中，依托传统边界安全防护，可解决 70% 的安全问题，如防御大量的网络 DDoS 攻击、防御入侵等；通过云安全池系统，可解决剩余 30% 的安全问题，如每台虚拟机层次的 WAF、IPS、数据库审计、未知威胁防护等；最终，实现云安全的东西向流量安全防护及统一管理，与网络虚拟化共同扩展。

7. 运维方案

由医疗云专业运维团队负责基础设施、网络、云平台及业务系统的维护，"7 天 ×24 小时"不间断服务。本方案提供自服务平台，从用户角度出发，为运维人员提供简单、统一的管理平台，医院信息部门可自行申请、开通、划分、调度和管理资源。

（1）维护工具：对物理环境、网络环境、云服务器、应用数据库进行监控；可对云服务各监控指标设置报警规则，通过短信、邮件等方式发送报警通知；可对安全设备的对接实现安全预警；在数据库进行接口对接时，进行数据分析，以提升管理质量。

（2）流程制度：严格按照规范进行例行检查，每月反馈运行维护月报，并进行总结、分析；拥有完善的 SLA 服务标准，对不同级别的故障有明确的响应时间和故障处理时间。

（3）应急响应：具备完善的运行故障管理机制，通过观察平台整体运行状态、故障预警分析、故障处理等多个方面，实现闭环管理，预防灾难的发生，医院的损失降到最低值；制订应急演练机制与演练计划，定期启动故障应急预案并持续优化，促使云平台的运维及故障管理制度得到实际验证，保障医院工作的正常运行。

本章参考文献

［1］Flexera. 2021 年云计算市场发展状态报告［EB/OL］.（2021-05-06）［2022-11-10］https：//www. shangyexinzhi. com/article/3724744. html.

［2］赛迪顾问. 2020 私有云系统平台市场研究白皮书［EB/OL］.（2020-08-17）［2022-11-10］https：//www. chinastor. com/yunjisuan/0QJ60202020. html.

［3］前瞻产业研究院. 2022—2027 年中国云计算产业发展前景预测与投资战略规划分析报告［EB/OL］.（2022-10-28）［2022-11-10］https：//bg. qianzhan. com/report/detail/f471190f08554e43. html？v = title

［4］黄朝波. 软硬件融合：超大规模云计算架构创新之路［M］. 北京：电子工业出版社,2021.

第四章　智能计算
CHAPTER FOUR
—

　　数字经济时代，人工智能全面赋能传统产业。智能算力的需求呈爆发式增长，智能算力占比有望在未来几年超过基础算力。

数据中心

云计算

智能计算

大计算

异构算力融合

边缘计算

超级计算

4.1　人工智能概述

4.1.1　人工智能的定义

人工智能（artificial intelligence，AI）是指利用机器学习和数据分析，对人的意识和思维过程进行模拟、延伸和拓展，为机器赋予类人的能力。

人工智能是一门新兴技术，研究目的是促使智能机器会听（语音识别、机器翻译等）、会看（图像识别、文字识别等）、会说（语音合成、人机对话等）、会思考（人机对弈、定理证明等）、会学习（机器学习、知识表示等）、会行动（机器人、自动驾驶汽车等）。

4.1.2　人工智能的发展历史

1956 年夏，麦卡锡、明斯基等科学家在美国达特茅斯学院开会研讨"如何用机器模拟人的智能"时，首次提出"人工智能"这一概念，标志着人工智能学科的诞生。人工智能的发展历史大致分为以下阶段：

（1）起步发展期：1956 年—20 世纪 60 年代初。人工智能概念提出后，相继取得了一批令人瞩目的研究成果，如机器定理证明、跳棋程序等，掀起了人工智能发展的第一个高潮。

（2）反思发展期：20 世纪 60 年代—70 年代初。人工智能发展初期的突破性进展大大提升了人们对人工智能的期望，人们开始尝试更具挑战性的任务，并提出了一些不切实际的研发目标。然而，接二连三的失败和预期目标的落空（例如，无法用机器证明两个连续函数之和还是连续函数、机器翻译闹出笑话等），使人工智能的发展走入低谷。

（3）应用发展期：20 世纪 70 年代初—80 年代中。20 世纪 70 年代出现的专家系统可以模拟人类专家的知识和经验并解决特定领域的问题，实现了人工智能从理论研究走向实际应用、从一般推理策略探讨转向运用专门知识的重大突破。专家系统在医疗、化学、地质等领域取得成功，推动人工智能走入应用发展的新高潮。

（4）低迷发展期：20 世纪 80 年代中—90 年代中。随着人工智能的应用规模不断扩大，专家系统存在的应用领域狭窄、缺乏常识性知识、知识获取困难、推理方法单一、缺乏分布式功能、难以与现有数据库兼容等问题逐渐暴露出来。

（5）稳步发展期：20 世纪 90 年代中—2010 年。网络技术特别是互联网技术的发展加速了人工智能的创新研究，促使人工智能技术进一步走向实用化。这一时期的标志性事件有：1997 年，IBM 公司开发的"深蓝"超级计算机战胜了国际象棋世界冠军卡斯帕罗夫；2008 年，IBM 提出"智慧地球"的概念。

（6）蓬勃发展期：2011 年至今。随着大数据、云计算、互联网、物联网等信息技术的发展，泛在感知数据和图形处理器等计算平台推动以深度神经网络为代表的人工智能技术飞速发展，大幅跨越了科学与应用之间的"技术鸿沟"，诸如图像分类、语音识别、知识问答、人机对弈、无人驾驶等人工智能技术实现了从"不能用、不好用"到"可以用"的技术突破，人工智能迎来爆发式增长的新高潮。

当前，人工智能技术持续快速发展，其在图像识别、语音识别、语义理解等诸多特定领域的能力已超过人类。比如，在图像识别领域，AI 模型的图像分类测试准确率高达 98.7%，高于同等条件下人类的测试准确率（96%）；在语音识别领域，AI 模型的语音识别测试准确率达 96.8%，高于人类的测试准确率（94.17%）；在语义理解领域，AI 模型的语义理解测试准确率达 90.9%，大大超出人类的测试准确率（82%）。

4.1.3 人工智能的核心要素

算力、算法和数据是人工智能的三大核心要素。

1. 算力

算力是指计算机的运算能力，就像矿机挖币时的算力，算力越高，处理复杂问题的能力就越强，处理同样的数据所需的时间就越短。算力是人工智能的基础，也是核心。

2. 算法

算法就是针对某些特定问题的特定处理流程或者通用处理流程，如图形算法、语音算法、人脸识别算法等。

数据相对直观一些，就是指人们经常提到的大数据（或者说大量的数据）。比如，在训练算法对特定图形的识别时，数据容量越大，样本越多，最后通过算法所训练出的识别模型就越准确。

目前的人工智能算法，对数据和算力的需求大都极高。随着人工智能算法持续突破创新，模型复杂度呈指数级提升，算法的不断突破创新也持续提升了算法模型的准确率和效率。此外，各类加速方案快速发展，相关应用也纷纷在各个细分领域落地，并不断衍生出新的变种。模型的持续丰富，也使得场景的适应能力逐步得到提升。

3. 数据

随着互联网和移动互联网的普及，全球网络数据量急剧增加。

数据除了包括狭义上的数字，还包括任何可以表达一定意义的符号。数据类型包含文本、图像、音频、视频等。目前，各类数据爆发式增长，因此，当今的这个时代也被称为"大数据时代"。

海量数据为人工智能的发展提供了良好的土壤；大数据、云计算等信息技术的快速发展，各种人工智能专用计算芯片的应用，极大地提升了机器处理海量视频、图像等的计算能力。在算法、算力和数据不断提升的情况下，人工智能迎来了新一轮发展高潮。

4.1.4　人工智能技术体系

人工智能技术体系通常分为基础层、技术层和应用层，具体如图 4-1 所示。

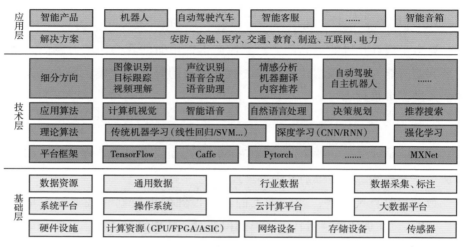

图 4-1　人工智能技术体系层级图

1. 基础层

基础层是人工智能行业发展的基石、底座，包括硬件设施、系统平台和数据资源。

硬件主要是为人工智能应用提供强大的算力支撑，包括计算资源、网络资源、存储资源以及各种传感器件；系统平台包括操作系统、云计算平台以及大数据平台；数据资源包括通用数据、行业数据以及数据采集和标注。

2. 技术层

技术层是人工智能行业发展的核心驱动力，依托海量数据和强大算力进行深度学习训练和机器学习建模，以解决机器"看、听、理解"方面的问题，相关技术主要包括计算机视觉、语音技术、自然语言理解等。

技术层包括平台框架、理论算法、应用算法。

技术层是人工智能中最为令人关注的，也是最具挑战的层面，其优劣直接决定了行业应用落地的成效。技术层也是产业界和学术界都比较关注的层面，其中，学术界对人工智能底层理论算法的研究（包括近年来比较主流的深度神经网络算法、传统机器学习算法）的现实基础正是因为近年来人们在人工智能基础理论上取得了突破，这也使得当下的人工智能技术在产业化方面突飞猛进。

人工智能应用算法的主要研究领域包括计算机视觉、语音识别、自然语言处理、决策规划等，涉及感知、认知、决策等不同的智能方向。在每个研究领域中，又有很多细分技术研究领域。在此，以计算机视觉为例简单说明一下。

计算机视觉技术利用摄像机以及电脑替代人眼，使得计算机拥有了人类的双眼所具有的分割、分类、识别、跟踪、判别决策等功能。计算机视觉系统就是一个能够在 2D 平面图像或者 3D 立体图像组成的数据中获取所需"信息"的完整的人工智能系统。

计算机视觉本身包括诸多不同的研究方向，比较基础和热门的方向包括：物体识别和检测（object detection），语义分割（semantic segmentation），运动和跟踪（motion & tracking），视觉问答（visual questioning & answering），等等。

以物体识别和检测为例：只要输入一张图片，算法就能够自动找出图片中的常见物体，并将其所属类别及位置输出出来。当然，这也就衍生出了诸如人脸检测（face detection）、车辆检测（viechle detection）等更加细分的检测算法。

3. 应用层

应用层建立在基础层与技术层的基础上，融合了大数据和分布式计算技术，以解决现实行业问题，解锁行业的人工智能应用场景。应用层主要包括智能产品和解决方案两类。

当前，人工智能产品种类比较多，大量的人工智能产品已经进入生产、生活当中，如机器人、自动驾驶汽车、智能音箱等。机器人方面，包括家用机器人（扫地、陪伴、教育等用途）、工业机器人等；自动驾驶汽车方面，则涉及大量的人工智能技术：通过计算机视觉技术来识别车道线、交通标志、信号灯等，进一步利用人工智能算法进行决策分析，完成正确的动作指令。

此外，人工智能技术与行业深度结合，涌现出了大量针对具体场景的智能化方案，目前主要的应用行业包括安防、金融、医疗、交通、教育、制造、互联网、电力等，未来将会拓展到更多的领域。

4.2　智能算力的发展现状

美国在人工智能基础研究和关键核心技术方面处于全球领先地位，其依托英伟达、英特尔、AMD 等本土高端芯片巨头的技术优势，基于已成熟的 x86 通用处理器技术和 GPU 加速器技术路线，正在加快超大规模人工智能计算中心建设。

早在 2018 年，美国能源部的橡树岭国家实验室就建成了浮点算力峰值达 3.4 EFLOPS（FP16）的 Summit 智能超级计算机，另一台 E 级（EFLOPS 级）智能超级计算机 Frontier 也已于 2022 年正式上线，对人工智能技术在超大规模科学计算领域的应用具有重要促进作用。

美国能源部的阿贡国家实验室也在加快人工智能计算系统的规划和建设，将于近两年陆续上线 2 台超大规模的人工智能计算系统，分别是 1.4 EFLOPS AI 算力的 Polaris 系统和近 10 EFLOPS AI 算力的 Aurora 系统。在其建成后，将为人工智能在医学、工程学和物理学等众多领域创造出变革性增长空间。

欧洲以战略引领数字技术创新，在使用英伟达、英特尔等当前成熟的美国技术和生态的同时，积极布局欧洲处理器计划（EPI），以强化本土芯片研制，多路线并进推动人工智能计算中心建设。2020 年 10 月，意大利 CINECA 研究中心上线了 Leonardo 超大规模人工智能计算系统，该系统基于 NVIDIA GPU 加速技术，可提供 10 EFLOPS 的半精度浮点（FP16）AI 算力，为人工智能在广泛应用领域中加速科学探索提供了强大支撑。瑞士国家超级计算中心（CSCS）将于 2023 年建成的新型 AI 超级计算机 Alps 同样采用了 NVIDIA GPU 加速技术，算力规模达到 20 EFLOPS，有望成为全球性能最强的 AI 超级计算机之一。Alps 系统建成后，将利用深度学习技术，将在气候和天气、材料科学、生命科学、分子动力学、量子化学以及经济学和社会科学等多个领域推动形成突破性研究。

日本超大规模人工智能算力基础设施多采用富士通等日本本土 IT 企业的技术进行建设。由日本理化学研究所与富士通共同打造的"富岳"系统在高性能计算、人工智能、大数据分析等方向整体表现出色。"富岳"采用 ARM

架构，人工智能算力峰值性能超过 1 EFLOPS，可以通过建模及仿真加速解决社会问题，同时促进人工智能相关技术的发展。

4.3 智能算力的关键技术

在智能经济时代，"AI 芯片 + AI 框架"的组合在一定程度上决定了人工智能产业应用的主体技术路线。所以，接下来，本节重点讨论智能算力的两个关键要素：AI 芯片和 AI 框架。

4.3.1 AI 芯片

众所周知，早期的算力主要是靠 CPU 来产生的，运行于 CPU 中的指令都是最基本的加减乘除外加一些访存及控制类指令。CPU 最大的价值在于提供并规范了标准化的指令集，使得软件和硬件从此解耦。系统级软件和应用软件共同组成了基于 CPU 的软件生态。

CPU 的发展经历了 CISC、RISC 多核等阶段，随着 RISC 架构的 CPU 开始流行，性能翻倍大约只需 18 个月，这就是著名的"摩尔定律"。

近年来，无论是在设计方面还是在工艺等方面，CPU 整体性能的提升都遇到了瓶颈，摩尔定律开始失效，而 CPU 的性能瓶颈进一步制约了软件的发展。另一方面，随着人工智能的发展，对 AI 算力的需求呈指数级增长。目前，业内公认 CPU 不适用于 AI 计算，各种 AI 芯片因而得到飞速发展，包括 GPU、半定制化的 FPGA、全定制化的 ASIC 以及神经拟态芯片（类脑芯片）等。从成熟度来看，当前主流的 GPU、FPGA 均是较为成熟的芯片架构，属于通用型芯片；ASIC 则属于为 AI 特定场景定制的芯片。

1. GPU 芯片（graphics processing unit）

GPU 即图形处理单元。顾名思义，GPU 是主要用于图形处理的专用加速器。GPU 内部处理是由很多并行的计算单元支持的，如果只是用来做图形图像处理则有点浪费，其应用范围太过狭窄。后来，有人把 GPU 内部的计算单元进行通用化重新设计，将 GPU 变成了 GPGPU（general purpose GPU，通用

GPU），因此严格来说，现在大家所称的 GPU 都是指 GPGPU。到 2012 年，GPU 已经发展成为高度并行的众核系统，有强大的并行处理能力和可编程流水线，既可以处理图形数据，也可以处理非图形数据。

由于 GPU 提供了多核并行计算的基础结构，且核心数可以不断扩大，可以支撑大量数据的并行计算，拥有更高的浮点运算能力，因此其已成为 AI 芯片的首选。

英伟达公司是 GPU 行业事实上的标准制订者，市场占比最高。该公司一般以历史上著名科学家的名字命名自己的 GPU 微架构：Tesla、Fermi、Kepler、Maxwell、Pascal、Volta、Turing、Ampere、Hopper，等等。

2006 年，英伟达推出了 CUDA，这是一个通用的并行计算平台和编程模型，利用 NVIDIA GPU 中的并行计算引擎，以一种比 CPU 更高效的方式解决许多复杂的计算问题。CUDA 为开发者提供了使用 C＋＋作为高级编程语言的软件环境，也支持其他语言、应用程序编程接口或基于指令的方法，如 FORTRAN、Direct Compute、OpenACC。可以说，CUDA 是英伟达成功的关键，它极大地降低了用户基于 GPU 并行编程的门槛。在此基础上，英伟达还针对不同场景构建了功能强大的开发库和中间件，逐步建立了"GPU＋CUDA"的强大生态。

英伟达的核心价值在于其软件生态，如图 4-2 所示。

英特尔公司作为 CPU 时代的王者，不再强调自己是 CPU 厂商，而是 XPU 厂商（XPU 囊括了 CPU、GPU、NPU、VPU 以及 FPGA 等）。英特尔在 2022 年投资者大会上宣布推出 Xe 架构 GPU，以一个架构做弹性化扩展，实现了以 GPU 产品覆盖低功耗平台、游戏、工作站等各个领域的目标。

2. FPGA 芯片（field programmable gate array）

FPGA 是一种半定制的硬件，通过编程，可定义其中的单元配置和链接架构以进行计算，因此具有较强的灵活性。

由于采用了无指令、无须共享内存的体系结构，FPGA 的运算速度足够快，优于 GPU，其功耗与通用性介于 GPU 与 ASIC 之间：相比 GPU，其可深入到硬件级优化；相比 ASIC，其可在算法不断迭代演进的情况下更具灵活性，且开发时间更短。FPGA 可以看作从 GPU 到 ASIC 的重点过渡方案。

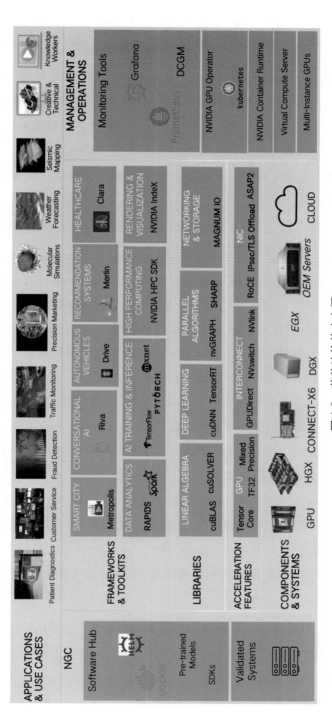

图 4-2 英伟达软件生态图

159

目前，FPGA 市场由 Xilinx（赛灵思，已被 AMD 收购）主导，国内的百度大脑、地平线 AI 芯片等也是基于 FPGA 平台研发的。

3. ASIC 芯片（application specific integrated circuits）

ASIC 是面向特定用户需求设计的定制芯片，根据产品的需求进行特定设计和制造，能够在特定功能上进行强化，具有更高的处理速度和更低的能耗，可在多种终端上运用。ASIC 作为专用芯片，开发周期长、落地慢，需达到一定规模后才能体现成本优势，但在量产后，其性能、能耗、成本和可靠性都优于 GPU 和 FPGA。

4. TPU 芯片（tensor processing unit）

2017 年 3 月，图灵奖获得者 David Patterson 和 John Hennessy 在其题为"体系结构的黄金年代"的主题演讲中提出了 DSA（domain specific architecture，特定领域架构）这一概念。由于 CPU 的性能提升正在走向终结，需要针对特定场景有针对性地定制加速，而 DSA 则是切实可行的解决方案。DSA 是在定制 ASIC 的基础上回调，使其具有一定的软件可编程灵活性。按照指令的"复杂度"，DSA 可以归属到 ASIC 芯片一类。

DSA 架构的第一个经典案例是 Google TPU。TPU 是 Google 定制开发的 ASIC 芯片，用于加速机器学习工作负载。Google 在 2013 年进行的一项预测分析显示，人们每天使用语音识别 DNN（深度神经网络）进行语音搜索 3 分钟，就可使数据中心的计算需求增加一倍，而如果使用传统的 CPU，其成本非常昂贵。因此，Google 启动了一个高优先级项目（即 TPU 项目），以快速生成用于推理的自研 ASIC，目标是将 GPU 的性价比提高 10 倍。2020 年，Google 为神经网络构建了一个专用集成电路 TPU。由于 TPU 专注于神经网络推断，故与同期的 CPU 和 GPU 相比，可以提供 15 ~ 30 倍的性能提升。

5. GPU 虚拟化和 GPU 共享

GPU 虚拟化功能支持一个物理 GPU 设备同时供多个虚拟机使用，而在 GPU 直通中，一个 GPU 设备只能供一个虚拟机使用。在 GPU 虚拟化中，使用同一 GPU 物理设备的虚拟机间互不影响，系统可以自动将物理 GPU 设备的处理能力分配给多个虚拟机。而 GPU 共享则是通过 GPU Server 挂载 GPU 设备，在主机上建立 GPU Server 与 GPU Client 的高速通信机制，使得 GPU Client 可以共享 GPU Server 的 GPU 设备，而 GPU Client 是否享有 GPU 功能则完全取决于 GPU Server。

英伟达通过 MIG（multi instance GPU，多实例 GPU）将 GPU 划分为多达 7 个实例，每个实例均完全独立于各自的高带宽显存、缓存和计算核心。如此一来，管理员便能支持所有大小的工作负载，让每位用户都能享用加速计算资源。例如，在 40 GB 的 NVIDIA A100 中，管理员可以创建 2 个各有 20 GB 内存的实例、3 个各有 10 GB 内存的实例、7 个各有 5 GB 内存的实例。或者可以创建混合在一起的实例。管理员还可以动态地重新配置 MIG 实例，从而能够根据不断变化的用户需求和业务需求调整 GPU 资源（例如，白天可以使用 7 个 MIG 实例进行低吞吐量推理，而夜间可以将其重新配置为一个大型 MIG 实例，以进行深度学习训练）。不同的实例可以运行不同类型的工作负载，包括交互式模型开发、深度学习训练、AI 推理或高性能计算应用程序等。由于这些实例并行运行，因此其工作负载也在同一个物理 GPU 上同时运行，但它们彼此相互独立、隔离。

4.3.2　AI 框架

1. AI 框架概述

AI 框架被喻为"智能经济时代的操作系统"，是人工智能开发环节中的基础工具，也是 AI 学术创新与产业商业化的重要载体。

业界对 AI 框架比较认可的定义是：AI 框架是 AI 算法模型设计、训练和验证的一套标准接口、特性库和工具包，集成了算法的封装、数据的调用以及计算资源的使用，同时面向开发者提供开发界面和高效的执行平台。业界也称之为 AI 开发框架、深度学习框架等。

AI 框架负责给开发者提供构建神经网络模型的数学操作，把复杂的数学表达转换成计算机可识别的计算图，自动对神经网络进行训练，从而得到一个用于解决机器学习中分类、回归问题的神经网络模型，可应用于目标分类、语音识别等场景。

在人工智能的技术架构中，AI 框架承上启下，是整个人工智能技术体系的核心：对下，AI 框架能够调用底层硬件计算资源，屏蔽底层差异，并提供良好的执行性能；对上，AI 框架能够支撑 AI 应用算法模型的搭建，提供算法工程化实现的标准环境。同时，它还是 AI 学术创新与产业商业化的重要载体，可助力人工智能由理论走入实践，快速进入场景化应用时代。

根据技术所处环节及定位，当前主流 AI 框架的核心技术可分为基础层、组件层和生态层，如图 4-3 所示。

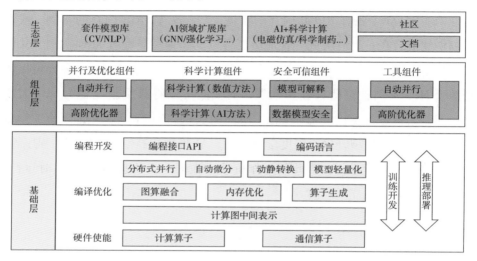

图 4-3　主流 AI 框架架构图

基础层可实现 AI 框架最基础核心的功能，具体包括编程开发、编译优化以及硬件使能三个子层。其中，编程开发层是开发者与 AI 框架互动的窗口，为开发者提供构建 AI 模型的 API 接口；编译优化层是 AI 框架的关键部分，负责完成 AI 模型的编译优化，并调度硬件资源，完成计算；硬件使能层是 AI 框架与 AI 算力硬件对接的通道，帮助开发者屏蔽底层硬件的技术细节。

组件层主要提供 AI 模型生命周期的可配置高阶功能组件，实现细分领域性能的优化提升，包括并行及优化组件、科学计算组件、安全可信组件、工具组件等，仅对人工智能模型开发人员可见。

生态层主要面向应用服务，用以支持基于 AI 框架开发的各种人工智能模型的应用、维护和改进，对开发人员和应用人员均可见。

2. 全球 AI 框架的发展

AI 框架的发展大致可以分为四个阶段，分别为萌芽阶段、成长阶段、稳定阶段和深化阶段，如图 4-4 所示。其发展脉络与人工智能（特别是神经网络技术）的异军突起有非常紧密的联系。

图 4-4 全球主流 AI 框架发展历史图

（1）萌芽阶段（2000 年初期）：受限于计算能力的不足，这一阶段的神经网络技术影响力相对有限，因而出现了一些传统的机器学习工具来提供基本支持，这些工具也就是 AI 框架的雏形。但是，这些工具或者不是专门为神经网络模型开发定制的，或者是其 API 极其复杂，对开发者并不友好，且不支持 GPU 算力，因此这一阶段的 AI 框架并不完善。开发者不得不进行大量基础的工作，例如手写反向传播、搭建网络结构、自行设计优化器等。

（2）成长阶段（2012—2014 年）：2012 年，Alex Krizhevsky 等人提出了一种深度神经网络架构，即著名的 AlexNet，其在 ImageNet 数据集上达到了最佳精度，引爆了深度神经网络的热潮，自此极大地推动了 AI 框架的发展。2013 年，Berkeley 的一名华人学生利用业余时间搭了一个叫作 Caffe 的深度学习平台，并在 GitHub 上开源。由于其易用性和可扩展性，Caffe 很快风靡学术圈，很多创业公司随后也开始采用。

早期的 Caffe、Chainer 和 Theano 等 AI 框架可帮助开发者方便地建立复杂的深度神经网络模型，如 CNN、RNN、LSTM 等。不仅如此，这些框架还支持多 GPU 训练，让开展更大、更深的模型训练成为可能。在这一阶段，AI 框架体系已经初步形成，但声明式风格和命令式风格这两种不同的编程风格让之后的 AI 框架走出了两条不同的发展道路。

（3）稳定阶段（2015—2019 年）：2015 年，何恺明等人提出 ResNet，再次突破了图像分类的边界，在 ImageNet 数据集上的准确率再创新高，也终于凝聚起产业界和学界的共识，那就是深度学习将成为下一个重大技术趋势。在一到两年里，Google 开源了著名的 TensorFlow 框架，很多深度学习研究者都变成了 TensorFlow 用户，Google 也开始利用 TensorFlow 的优势来疯狂推广其他配套服务。如今，TensorFlow 已成为机器学习领域最流行的 AI 框架。

后来，Caffe 的发明者加入 Facebook，并发布了 Caffe2。与此同时，Facebook AI 研究团队也发布了另一个流行的框架 PyTorch，该框架拓展自 Torch 框架，但使用了更流行的 Python API；微软研究院开发了 CNTK 框架；Amazon 采用了 MXNet（这是华盛顿大学、CMU 和其他机构的联合学术项目）。

TensorFlow 和 CNTK 借鉴了 Theano 的声明式编程风格，而 PyTorch 则继承了 Torch 的直观和开发者友好的命令式编程风格。Francois Chollet 几乎是独自开发了 Keras 框架，该框架提供了神经网络和构建块的更直观的高级抽象。同时，各种 AI 框架不断迭代，为框架提供各种面向高效友好开发的核心组件，例如：几乎所有 AI 框架都支持自动微分能力；TensorFlow 提供了分布式版本的 AI 框架和支持 iOS 系统的能力；PyTorch 则在完全拥抱 Python 的基础上提供了一整套包括优化器、库函数、API 工具等在内的技术支持。自此，AI 框架迎来了繁荣，而在不断发展的基础上，各种框架不断迭代，也被不同的开发者所自然选择。

经过激烈的竞争，最终形成了两大阵营，即 TensorFlow 和 PyTorch 的双头垄断：从市场占有情况看，产业界以使用 TensorFlow 为主，学术界以使用 PyTorch 为主。2019 年，Chainer 团队将他们的开发工作转移到 PyTorch；Microsoft 停止了 CNTK 框架的积极开发，部分团队成员转而支持 PyTorch；Keras 则被 TensorFlow 收编，并在 TensorFlow 2.0 版本中成为其高级 API 之一。

（4）深化阶段（2020 年以后）：随着人工智能的进一步发展，新的趋势不断涌现，例如超大规模模型的出现（GPT-3 等），从而向 AI 框架提出了更高的要求。随着人工智能应用场景的扩展以及与更多领域交叉融合进程的加快，越来越多的需求被提出，如对全场景多任务的支持、对高算力的需求等，这就要求 AI 框架必须最大化地进行编译优化，更好地利用算力、调动算力，充分发挥硬件资源的潜力。

在这一阶段，AI 框架正向着全场景支持、超大规模 AI、安全可信等技术特性方向深化探索，不断实现新的突破。

3. 国内 AI 框架赋能产业

当前，我国在 AI 应用方面优势显著，相当规模的 AI 应用均构筑在国际主流 AI 框架之上。在 TensorFlow、PyTorch 双寡头持续为国内 AI 应用生态输出能力的同时，近年来，国内厂商推出的 AI 框架市场占有率也正在稳步提升。

2019 年 8 月，华为推出新一代全场景 AI 计算框架 MindSpore，在全场景协同、可信赖方面有一定的突破。2020 年 3 月，华为宣布 MindSpore 正式开源。基于 MindSpore 的"鹏程·盘古"模型规模高达 2000 亿参数。MindSpore 采用全自动并行训练方式支撑"鹏程·盘古"模型在 4096 张 NPU 芯片上进行高效训练。近年来，MindSpore 在行业赋能方面成绩斐然，支持超过 5000 个在线 AI 应用，可广泛应用于工业制造、金融、能源电力、交通、医疗等行业。例如，华为松山湖南方工厂通过引入 MindSpore 及 AI 质检算法，将印制电路板的缺陷检测精度由 90% 提升至 99.9%，并将质检人员的工作效率提升了 3 倍。

2018 年，百度发布飞桨（Paddle Paddle）开源框架，可提供从数据预处理到模型部署在内的深度学习全流程的底层能力支持。飞桨以百度多年的深度学习技术研究和业务应用为基础，集深度学习核心训练和推理框架、基础模型库、端到端开发套件、丰富的工具组件于一体，是中国首个自主研发、功能完备、开源开放的产业级深度学习平台。IDC 发布的深度学习框架平台市场份额报告显示，飞桨于 2021 年汇聚的开发者数量达 370 万人，服务于 14 万家企事业单位，产生了 42.5 万个模型。

4. AI 框架的发展与挑战

实际上，AI 框架进入主流视野也才几年时间。从技术、生态、应用推广等方面来看，AI 框架仍面临诸多挑战。

例如，AI 框架需要提供更全面的 API 体系以及前端语言支持转换能力，从而提升前端开发便捷性，使前端便捷性与后端高效性达到统一。AI 模型需要适配部署到"云—边—端"的各类设备，支持全场景、跨平台、跨厂商设备的部署，这对 AI 框架提出了多样化、兼容性的要求。

此外，超大规模 AI 已成为新的深度学习范式，需要大模型、大数据、大算力的三重支持，这也对 AI 框架提出了新的挑战。

4.4　智能计算中心

智能计算中心，也称人工智能计算中心、智算中心。国家信息中心发布的《智能计算中心规划建设指南》对智能计算中心下了明确定义：智能计算中心是基于最新人工智能理论，采用领先的人工智能计算架构，提供人工智能应用所需算力服务、数据服务和算法服务的公共算力新型基础设施。

4.4.1　为什么要建设城市智能计算中心

当前，一些委/办/局已经部署了 AI 方案，以提升城市治理效率。但是，由于各部门通常是分散报项目的，项目小，方案杂，各自为政、无统一规划，造成各部门数据分散。如果这些数据不能集中，就无法在城市层面提高态势感知、综合治理、应急救援、分析决策能力。

集约化建设可以节约 AI 算力基础设施的投资和运营成本，避免重复建设，实现人工智能共性技术、资源和服务的开放共享及 AI 算力资源的统一调度。

智能计算中心当前的应用场景主要还是在城市精细化治理和政务服务领域，比较成熟的应用领域有：

（1）城市治理：道路破损、占道经营、店外经营、乱堆物料、垃圾满溢、户外广告、沿街晾挂、易涝点积水等事件的检测。

（2）明厨亮灶：后厨人员是否佩戴口罩、戴厨师帽、穿厨师服，以及夜间后厨有无老鼠等事件的检测。

（3）应急管理：堆积杂物、安全出口拥堵、消防通道占用、禁烟场所吸烟、明火、烟雾等事件的检测。

（4）水务治理：河道漂浮物、漂浮大件油桶、岸边垃圾、水库/河道偷钓、船舶闯入、河道违建、非法排水等事件的检测。

（5）校园管理：聚众、打架、人员摔倒、吸烟、人员闯入、越界、人员徘徊、明火、未穿校服人员等事件的检测。

（6）社区小区：电梯抢劫、电梯霸占、人员摔倒、人员翻墙、井盖丢失等事件的检测。

（7）工厂工地：安全帽、反光衣、烟雾、疲劳驾驶、消防通道堵塞、安全带佩戴、越界、攀爬、聚众、离岗、打架、徘徊、刀闸开关、液体泄漏等事件的检测。

（8）12345热线：智能语音导航、自动填单、智能类型归口、智能分拨。

（9）政务服务大厅/网厅：智能引导、智能问答、身份认证、智能审批、智能归档。

4.4.2 如何建设城市智能计算中心

为应对新的产业发展需求，除要对现有数据中心、超算中心进行智能化改造，使其成为能提供智能计算服务的算力平台外，一些围绕人工智能产业需求而设计、为人工智能提供专门服务的智能计算中心也在加速落地。

智能计算中心是涵盖基建、硬件、软件基础设施的复杂系统工程，提供从底层芯片算力到顶层应用的全栈能力，属于投资较大的重大信息基础设施，具备算力服务、技术创新、产业带动、人才和生态汇聚等重大战略价值。因此，从产业发展之初，就要建立统一的异构计算架构、AI框架、应用计算架构，构建一套自主创新的体系，这样才能加速中国形成自主可控的人工智能产业生态。

2017年7月，国务院印发《新一代人工智能发展规划》的通知（国发〔2017〕35号），重点对2030年我国新一代人工智能发展的总体思路、战略目标和主要任务、保障措施进行系统的规划和部署。

2020年9月，科技部印发《国家新一代人工智能创新发展试验区建设工作指引（修订版）》的通知，明确提出试验区建设以直辖市、副省级城市、地级市等为主；到2023年，全国将布局建设20个左右试验区，这些试验区需具备产业基础较好、基础设施健全、科教资源丰富、支持措施明确，并"重点围绕京津冀协同发展、长江经济带发展、粤港澳大湾区建设、长三角区域一体化发展等重大区域发展战略进行布局，兼顾东、中、西部及东北地区协同发展"。

目前，科技部已批复了北京、上海、天津、合肥、杭州、深圳、德清县、济南、西安、成都、重庆、武汉、广州、苏州、长沙、沈阳、郑州、哈尔滨等 18 个城市建设国家新一代人工智能创新发展试验区。

4.4.3　国内智能计算中心建设情况

随着数字经济的发展以及产业转型的升级，人工智能产业的发展将在很大程度上决定一个国家、一座城市未来的数字化产业服务竞争力。

近两年，全国有超过 20 座城市建成或正在建设智能计算中心，包括武汉人工智能计算中心、合肥先进计算中心、南京智能计算中心、西安未来人工智能计算中心、成都智算中心等。这些智能计算中心多采用国产通用处理器和 AI 加速器技术，以华为、寒武纪等企业研发的 AI 芯片为主。同时，由于智能计算中心具有算力公共基础设施的定位，其建设和运营模式通常采用政府主导、企业承建、联合运营的政企合作建设运营的框架。比较有代表性的几个智能计算中心有：

（1）鹏城云脑Ⅱ：由深圳市牵头，利用鹏城实验室的科研优势与华为的企业优势共同打造的人工智能开源开放重大科学装置，定位于支撑国家重大科学研究、赋能产业应用。鹏城云脑Ⅱ基于华为 AI 基础软硬件平台构筑，性能高达 1EFLOPS（FP16）。在软件平台方面，还发布了全球首个 2000 亿级中文 NLP（自然语言处理）AI 大模型——"鹏程·盘古"，打造了面向生物医学领域的 AI 大模型——"鹏程·神农"生物信息研究平台。

（2）武汉人工智能计算中心：作为科技部批复的新一代人工智能创新发展试验区之一，该中心于 2021 年 5 月建成并投入运营，一期建设规模为 100 PFLOPS（FP16）的 AI 算力。武汉人工智能计算中心定位于提供普惠算力，是具有公共服务性质的人工智能算力基础设施。

（3）珠海市横琴先进智能计算平台：由中科院、广东省、珠海市、横琴新区共同打造，是中科院战略性先导专项"国产安全可控先进计算机系统"的重要研究成果。其硬件部分主要基于寒武纪 AI 加速卡构建，目前已建成

1.16 EFLOPS（以整型精度计）的算力。

（4）西安未来人工智能计算中心：该中心是西北地区首个规划建成的人工智能算力集群，旨在为建设"一带一路"科技创新中心、国家中心城市提供算力支撑，一期规划建设 300 PFLOPS 的算力，基于华为 AI 基础软硬件平台建设，并于 2021 年 9 月建成上线。

（5）成都人工智能计算中心：该中心为西南地区最大的人工智能计算中心，2022 年 5 月正式上线。成都智算中心由成都市、成都高新区出资，包括人工智能算力平台、城市智脑平台和科研创新平台等三大平台。该中心采用基于华为 AI 基础软硬件平台的 AI 集群，算力达到 300 PFLOPS（FP16）。

（6）武汉人工智能计算中心：该中心于 2022 年 5 月底上线，定位于"一中心四平台"，即人工智能计算中心、公共算力服务平台、应用创新孵化平台、产业聚合发展平台、科研创新和人才培养平台，主要围绕数字设计、智能制造、智慧城市、基因测序等四大应用场景，面向自动驾驶、智慧城市、智慧医疗、智能交通等领域提供人工智能的澎湃普惠算力。该中心一期 AI 峰值算力高达 100 PFLOPS（FP16）。

4.4.4 未来展望

随着各地人工智能计算中心的建成投运，将其连接起来成为智算网络是大势所趋。业界普遍认为，未来的 AI 算力会像水和电一样，成为城市数字基础设施所提供的一种公共资源，赋能数字经济发展。

鹏城实验室于 2022 年 6 月发布了中国算力网计划（China Computing NET，C^{2}NET）。该计划提出了"像建设电网一样建设国家算力网，像运营互联网一样运营算力网，让用户像用电一样使用算力服务"的发展愿景。

未来，"中国算力网计划"会将全国各地的人工智能计算中心、超算中心、"东数西算"枢纽节点都接入中国算力网，可实现全国大型算力的协同调度与高效计算，为数字经济打造最强算力底座，支撑我国提出的"数字经济"和"东数西算"重大战略。

4.5 典型应用案例：云边协同 AI 方案

4.5.1 项目概述

1. 项目背景

随着高速公路自由流收费的实现，自由流收费一张网已构建起来，有效地提升了运输效率。目前，自由流收费已覆盖全国约 500 个省界收费站、2.4 万套门架系统、4.8 万条 ETC 车道，服务近 2 亿 ETC 客户，有效降低了多达 13% 的拥堵时间。

但是，自由流收费也存在以下问题：由于主观或客观原因造成的漏收；牌识流水丢失或车辆特征抓拍率低；无法提供稽核追缴依据；收费通知严重滞后，导致客户感知不佳，等等。同时，联网收费涉及不同利益主体的关系，所以，要想打造"实际路径收费、精确拆分"的运营模式，必须采用有效的高速公路防作弊手段。高速公路收费稽核解决方案正是为解决以上问题而提出的。

2. 建设目标

一是解决当前高速公路收费中存在的 ETC 识读率低、牌识流水抓拍率低、车辆特征识别不准、出口费显不准确等问题。提升实时交易和稽核追缴成功率，确保门架数据精准输入，真正达到"实时稽核，应收尽收，应缴尽缴"，实现智能实时稽核，构建车辆通行数据底座，面向车路协同与自动驾驶这一未来发展方向而演进。

二是基于视频图像、ETC/OBU、牌识等多流水融合路径，以及大数据、AI、边缘计算等技术，构建高速业务稽核模型库，提高稽核效率与准确性，实现高速计费、收费公平公正，最大限度减少高速费流失。

三是实现高速公路自由流收费稽核全闭环业务流。通过深度挖掘车辆抓拍图像，多维度分析车辆结构化、通行轨迹、超时等方式，真实还原通行车辆的行驶信息，为偷逃费稽核提供证据链判定，并为高速公路联网计费、设备物联监控运维管理快速部署交付、通行数据分析、稽核管理体系搭建、清分结算工作提供支撑。

3. 建设范围

高速公路联网收费系统由部联网中心、省联网中心、区域/路段中心、自由流虚拟站、收费站组成（如图4-5 所示）。

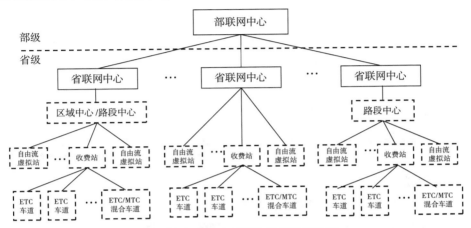

图 4-5　高速公路联网收费系统架构图

本方案建设目标范围包括：

（1）省级大数据稽核云平台。

新建省级收费大数据稽核云平台，通过云平台实现全省收费系统数据稽核管理，基于车辆特征 ReID（vehicle re-identification，车辆再识别，即给定一张车辆图像，并据此找出其他摄像头拍摄的同一车辆），实现以图搜图/路径还原。目标是实现数据秒级查询响应，图片秒级信息关联，同时实现交通流量预测与收费偷逃管控。

（2）路段分中心/收费站。

新建或复用原有边缘智能设备，实现对门架采集的收费视频、图片进行汇聚分析，同时生成车辆特征 ReID，连同视频、图片等结构化数据，上传到省级大数据稽核平台。

（3）ETC 门架。

需要部署高清车牌视频识别摄像机，辅助收费设备以及识别车辆信息的雷达设备，并且部署边缘稽核一体机，将以上设备采集的数据进行汇总和边缘分析，上传到路段分中心以及收费站。

4.5.2 总体方案

1. 总体架构

本项目可基于云边协同能力，提供端到端的一体化收费稽核解决方案。

如图 4-6 所示，边缘侧（含收费站、路侧以及路段分中心的边缘计算节点）、云端大数据平台共同形成云边协同能力，以数据（收费流水、车辆视频/图片、车辆特征 ReID 等）为生产要素，通过智能化边缘、大数据平台协同进行智能分析，实现精准的实时收费稽核。

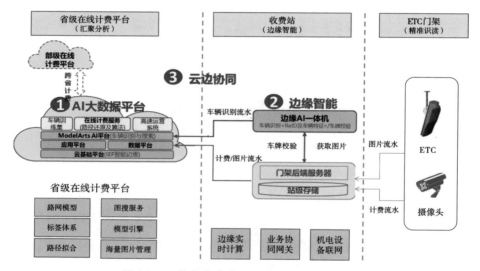

图 4-6　一体化收费稽核解决方案总体架构图

2. 功能架构

本方案涵盖了"云—管—边—端"的全连接服务，由终端侧、边缘侧、管道侧、云侧四个部分组成，如图 4-7 所示。

（1）终端侧：包含各种物联设备和其他数据，其中，终端设备包含 RSU 天线、摄像头等设备。在其他数据中，源系统包含车道系统、门架系统等源数据，外部系统则包含车管所、部中心等外部源数据。

（2）边缘侧：为边缘 AI 服务器（其中包含设备物联协议适配服务产品），通过集成，向下连接物联端和设备端，能够全方位监测、管理终端层设备；

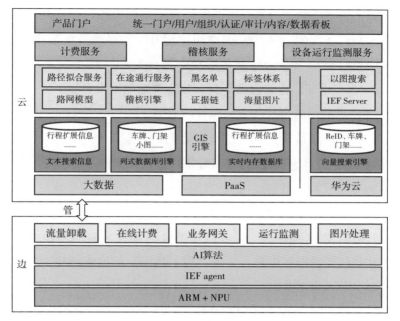

图 4-7 "云—管—边—端"功能架构图

通过多级图片的压缩、传输、存储处理服务产品，以达到在云端传输时减少设备响应时间、减少从设备到云端的数据流量的目的。华为可提供 Atlas 系列服务器、昇腾 310 处理器、鲲鹏 920 处理器等相关产品，实现"边缘计算 + AI + 物联"的组合。

（3）管道侧：用于高速公路路网 IT 基础设施建设的通信电路。

（4）云侧：包含路网模型、图片服务、标签服务在内的稽核引擎、计费引擎底座，以及常用的与 PaaS、大数据等相关的产品。

3. 方案特点

（1）实时多路径融合，还原行车轨迹。

通过门架交易流水、牌识流水、图片流水对行程记录在中心侧进行还原，对于缺失的通行点进行车型、车牌颜色、ReID 的补充和验证。然后，基于路网模型，对行程的有向图、可达路径等进行验证和还原，实现行车轨迹的精准还原。

（2）边缘一体化，"端—云—边"协同。

利用"边缘计算 + AI + 端侧设备物联"的组合，以综合通行数据为基础，在中心侧云上进行大数据分析，提升稽核效率与准确性。在云侧，实时计费，并推送到边端；在端侧，将 ETC 由介质计费升级为多维流水融合计费，同时生成边缘侧稽核疑似名单，并对相应车辆进行实时拦截。在云上，通过 IEF（intelligent edge fabric，智能边缘平台）实现算法的下发更新。

（3）多流水数据融合，收费稽核智能纠偏。

通过端侧数据与其他业务系统数据之间的智能处理与融合，实现融合纠偏，以得到最完整、最有说服力的实时收费稽核证据链。

（4）海量图片高效处理。

基于图片处理的全流程，在图片的产生、传输、存储、应用等各个环节对图片进行有针对性的处理，保障海量图片的高效传输与便捷应用；同时，对海量图片提供图搜服务引擎，实现"以图找图"的搜索功能。

（5）接入网流量控制。

对图片进行 AI 处理，可将 4K 分辨率的图片压缩到 20 KB 左右，在边缘侧将 100 Mbps 级的网络带宽降低到平均 4 Mbps 左右，大幅降低接入网、骨干网的网络改造费用，节约每年的网络运营费用。同时，20 KB 左右图片的质量能够满足辨识要求，并可降低中心侧海量图片所带来的存储和查询压力。

（6）预集成，极简交付；边云管理协同，简化运维。

提供一体化预集成硬件以及 OS、技术组件、业务应用；提供现场的简单配置，实现远程自动化部署，快速极简交付；边云管理协同，将部署运维的工作量简化到 1 小时以内。

4.5.3　边缘侧一体机解决方案

1. 总体架构

边缘侧采用 AI 一体机解决方案，功能架构如图 4-8 所示：

在边缘侧，通过边缘稽核引擎实现 AI 图片压缩、AI 图片增强分析、分级存储、运行监测和业务网关，实现门架、车道的流量卸载、运行状态监测和边缘稽核基础数据的智能感知、智能取证、图片存储等功能。

采用国标协议，向省中心提供卸流后的标准流水；采用稽核扩展协议，

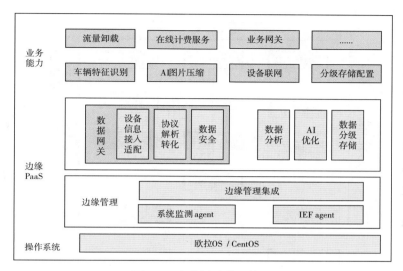

图4-8　边缘侧功能架构图

对图片进行 AI 处理后生成结构化数据，为省中心提供统一的稽核基础数据。通过 IEF 对边缘一体机进行远程统一管理，提供配置、安装、升级、运行状态监测等功能。AI 增强基于边缘计算平台的 AI 算法引擎，把门架和车道的牌识图片中的车辆结构化信息抽取出来，为稽核应用提供数据基础。

通过数据存储引擎，配合省级平台实现图片分级存储：按照国家标准，普通图片默认保存 6 个月，稽核图片保存 2 年。同时，为省中心图片管理系统提供大小图存储调用服务能力。

通过应用网关，提供符合国标协议的门架、车道流水接入功能，为门架、车道流水提供存储、分流、卸流标准服务，同时提供通道加密、业务监控功能，可为省中心流水传输提供多种传输能力，提供国标协议和稽核协议，在应用层提供应用 QoS 的能力。

综合考虑收费站接入多个门架及车道的图片频次、接入网带宽性能、GPU 编程特点、站级服务接口等，对边缘一体机子系统采用解耦合设计。具体的边缘一体机子系统流程如图4-9 所示。

（1）接入边界。门架、出入口的相关设备通过本地网络采用 http/https 协议接入收费站的一体机。一体机通过业务网关按标准协议接入门架、车道天线流水、牌识流水以及监控流水，接入端口 80/443。边缘一体机通过图片网

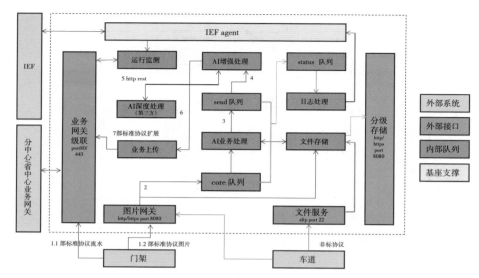

图4-9　边缘一体机子系统流程图

关按标准协议接入门架图片，接入端口8080。边缘一体机通过非标准协议接入图片SFTP，通过图片网关接入非标准协议图片对应的结构化信息。

（2）上传边界。边缘一体机通过业务网关按标准协议级联分中心、省中心业务网关。通过完整兼容标准协议分发，业务网关能够提供多链路选择能力。IEF通过单独链路为边缘一体机提供运维管理功能。

2. AI服务器硬件

在边缘侧，采用Atlas 500 Pro设备。

（1）Atlas 500 Pro设备的主要用途。

①用于边缘智能分析：车辆图片分析边缘设备可通过对车辆图片进行AI智能识别，获取车辆特征信息，生成车辆/司机等的关键识别信息。其中，车辆特征不仅包括车牌号，还包括车辆品牌、车型、车身颜色、车牌颜色以及车辆及司乘人员的相关特征，最终形成具有唯一性的车辆特征信息。

②用于网络流量卸载：相对于将车辆图片传输到省中心再进行视频结构化分析，在边缘侧进行视频结构化分析，信息容量可减少至约千分之一，大大降低了由路段中心向省中心传输图片的传输带宽（特别是在带宽不足的情况下，就不再需要进行网络带宽升级了）。

③边缘自治管理：通过边缘一体机，可实现边缘侧对端侧设备的数据采集、监测、管理，实现边缘自治管理，减小因云边网络而产生的系统管理问题（如断点续传）。

（2）Atlas 500 Pro 设备的功能及特点。

①AI 算力：支持视频结构化和事件类 AI 服务，提供超强算力、高效能的 AI 计算平台。该产品搭载 1 个鲲鹏 920 处理器，具有多核计算架构，可高效地对应用进行加速，支持 4 个 Atlas 300 AI 加速卡，最大提供 256 路高清视频以供实时分析。

②承载多软件应用：包括标配的基础服务应用以及典型的 AI 应用服务（如视频结构化、人脸识别、车辆二次识别），其不仅支持通过 Docker 命令进行部署，还支持通过管理平台统一进行部署。

③云边协同：集中管理、配置、维护、算法镜像，批量分发，通过云边协同技术，结合智能边缘管理模块，支持通过 Web 浏览器、Restful 接口对边缘设备进行配置、硬件监控、软件安装及升级、镜像批量下发等操作，同时支持将边缘侧结构化数据上传至中心，以支撑大数据分析决策，支持将原始数据上传至中心优化训练数据集，优化算法模型。AI 服务器云边协同框架如图 4-10 所示。

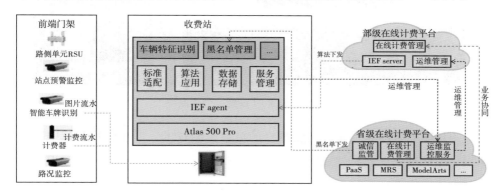

图 4-10 AI 服务器云边协同架构图

归纳起来，云边协同包括如下几个方面：

——算法协同：不断迭代，提升车辆特征识别精度（超过 99%）；

——管理协同：分钟级定位故障；省部两级运维管理，业务多级监控；

——应用协同：黑名单下发，精准布控，毫秒级稽核布控逃费；

——数据协同：云上和边缘数据协同，秒级完成车辆收费稽核；

——业务协同：部级和省级在线计算平台协同，实时完成跨省计费。

3. AI 业务处理

为应对客服系统、稽核系统、收费站等业务对图片的查询需求（每次查询都需要在百亿数量级的图片中请求车辆通过各门架的图片），因此，对图片进行智能压缩非常有必要。

（1）AI 图片压缩。目前，主流 4K 摄像头产生的图片大小平均为 1 MB，故一次业务查询的网络吞吐流量将是 1 MB×N（N 指查询主体通过 N 个边缘侧摄像头所产生的图片张数）。对图片进行智能压缩，可以在百亿数量级的图片中快速查询所需图片，也可降低图片传输的带宽，从而降低接入网网络投资成本，满足行业应用需求。图像 AI 识别及处理流程如图 4-11 所示。

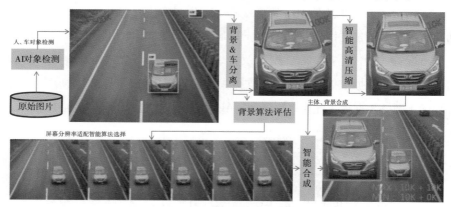

图 4-11　图像 AI 识别及处理流程

图片压缩采用基于深度神经网络的对象检测技术，可在图片背景中自动识别出主体对象（如车牌或者人脸）并逐一对其进行定位，通过车牌识别方式对主体对象进行标注，完成主体车辆对象和背景的分离，同时收集其他对象的相关信息。图片压缩流量卸载子系统具备将图片压缩为原大小 1/20 ~ 1/50的能力，经其处理后，各个门架识别点、车道出入口每天产生的多达千万数量级的图片文件数据量所占的存储空间大约仅为 TB 级别，网络带宽需求也仅为压缩前的 1/20 ~ 1/50。

①对象检测：将图片中所有车辆对象从背景中找出来并逐一定位，也就

是预测图片中对象的位置，并判别对象类别为何种车辆。

②背景分离：将图片中车辆对象集合中的其一车辆从图片背景中分离出来，并进行车牌识别。根据车牌识别的结果，在现有的图片文件路径中分离出对应的相近车牌，并与之进行对比。最后，通过最相近的车牌获得对应的主体对象和背景，完成背景分离。

③主体压缩：首先，对车辆主体图片采用字符友好的分辨率重采样算法进行分辨率调整（zoom in）。接下来，采用字符友好的图片压缩算法进行二次压缩，实现主体图片的大幅度压缩，而不影响关键兴趣位的可辨识度。

④背景压缩：首先，对车辆背景图片采用背景友好的分辨率重采样算法进行分辨率调整（zoom in）。接下来，采用背景友好的图片压缩算法进行二次压缩，实现背景图片的大幅度压缩，而不影响关键兴趣位的可辨识度。

（2）AI图片信息。在AI图片压缩过程中，将图片的基础结构和信息输出出来（包括车牌、车辆位置、存储信息等），为稽核提供基础数据支撑。

（3）车辆扩展信息分析。平台提供"以图搜图"功能，可以以车辆图像、时间、空间作为参数，搜索符合所需条件的图像流水。在边缘侧，采用 Atlas AI 推理能力对车辆图像的相关结构化信息进行解析，包括车辆标志物的结构化特征提取、车型识别、车辆品牌/型号/年款识别、车辆排放标准识别等。

4. 图片网关

图片网关子系统主要负责边缘侧图片生产设备的数据接入适配，为各设备的快速接入提供标准的接入协议。本子系统可提供标准的 sftp 和 http/https 协议接入（其中，http/https 采用 Binfile-MD5 接口）（如图4-12所示）。

在图片接收时，同步提供 sftp 服务，分别等待摄像头所获取的实时文件进行上传（如图4-12所示）。为了降低 http 协议的网络开销，可尽量将一个周期内设置的多张图片批量打包给批量上传模块。同时，为了增强整体海量图片平台的准实时性，可根据边缘侧流量对一个周期内批量打包的文件包个数进行合理的配置。

5. 分级存储

边缘侧通过 https/rest 方式将站级图片进行批量上传、解包并存储到海量

图 4-12　图片上传流程图

图片存储平台。图片分级存储将提供以下功能：

（1）图片保存周期设置以及过期清除：提供一般周期设置、特殊周期设置，提供删除功能，同时提供图片管理日志功能。

（2）图片实时上传同步功能：提供标准协议的实时小图打包上传功能，为中心侧提供小图和图片的元数据。

（3）原始图片提取功能：提供标准的 http/https 图片资源访问定位服务能力。

（4）图片访问权限认证功能：仅省界海量图片子系统具备访问请求权限，并提供日志，以供审计。

6. 在线计费服务

提供省中心在线计费服务以及边缘侧在线计费服务代理的功能（如图 4-13 所示）。

省中心在线计费服务，主要提供路网模型管理、动态路径管理以及路径分发系统等功能。

边缘侧在线计费服务，主要提供动态路径接收、路径还原以及计费服务

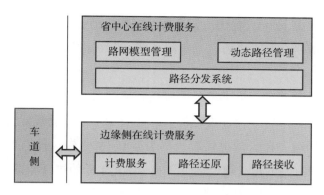

图 4-13 在线计费功能架构图

等功能。其中，动态路径接收功能负责接收省中心下发的车辆路径信息，并进行存储、更新、清理等；路径还原功能负责根据下发的路径信息对车辆行驶路径进行去燥、还原，形成实时的计费路径；计费服务功能提供标准的 http/https 在线计费接口协议，并返回在线计费结果。

7. 运维管理

如图 4-14 所示，IEF 将云端 AI 应用、函数计算等能力下发到边缘节点（edge node），将公有云能力延伸到靠近设备的一端，使得边缘节点拥有与云端相同的能力，以实时处理终端设备的计算需求。

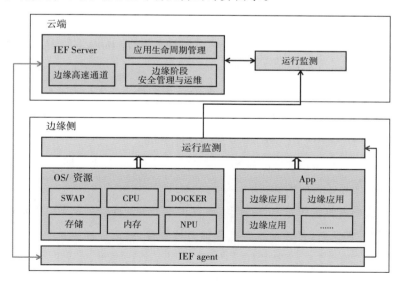

图 4-14 IEF 管理云边协同图

（1）运行监测 agent：提供门架设备、门架机柜、收费站设备、出入口设备以及各网络链路运行监测信息收集的功能，并提供标准协议和扩展协议接入的能力。

（2）智能边缘管理：提供将云上应用延伸到边缘的能力，联动边缘和云端的数据，满足客户对边缘计算资源的远程管控、数据处理、分析决策、智能化的诉求。同时，在云端提供统一的设备/应用监控、日志采集等运维能力，为企业提供完整的边缘和云端协同的一体化服务的边缘计算解决方案。

（3）远程运维管理：对边缘一体机、门架、车道相关设备的硬件故障、软件故障、网络故障进行远程运维管理。

本章参考文献

［1］工业和信息化部. 工业和信息化部关于印发"十四五"信息通信行业发展规划的通知［EB/OL］.（2021-11-01）［2022-11-10］. http://www. gov. cn/zhengce/zhengceku/2021-11/16/ content_5651262. htm.

［2］郭亮，赵精华，赵继壮. 异构 AI 算力操作平台的架构设计与优化策略［J］. 信息通信技术与政策，2022，48（3）：7-12.

［3］国家信息中心. 智能计算中心规划建设指南.［EB/OL］.（2020-11-30）［2022-11-10］ https://www. ndrc. gov. cn/xxgk/jd/wsdwhfz/202011/t20201130 _1251685. html？ code = &state = 123.

［4］中国科学技术信息研究所，新一代人工智能产业技术创新战略联盟，鹏城实验室. 人工智能计算中心发展白皮书 2.0［EB/OL］.（2021-09-26）［2022-11-10］http://tech. ce. cn/news/202109/26/t20210926_36947140. shtml.

［5］中国信息通信研究院. AI 框架发展白皮书（2022）［EB/OL］.（2022-03-03）［2022-11-10］https://m. thepaper. cn/baijiahao_16950366.

［6］刘佳璇. 智能计算中心：新型"超级大脑"［J］. 瞭望东方周刊，2020，802.

［7］刘凯，李泥东，林伟鹏. 车辆再识别技术综述［J］. 智能科学与技术学报，2020,2（1）：10-22.

第五章　超级计算
CHAPTER FIVE

超级计算简称超算，学术界也称之为高性能计算。超算发展历史久远，但应用范围相对比较小。本章在介绍超算最新发展及关键技术的基础上，还借助一个制造业的具体案例来揭开超算的神秘面纱。

5.1 超级计算概述

5.1.1 什么是超级计算

与普通的个人电脑和服务器相比，超级计算机（supercomputer）是一种计算力极强的计算机，学术界通常称这一领域为高性能计算（high performance computing，HPC）。

高性能计算是指将多个计算节点组织起来，通过网络连接在一起协同工作，组成一台性能更强大的计算机，通常指具有极快运算速度、极大存储容量、极高通信带宽的一类计算机。超级计算能够让整个计算机集群为同一个任务工作，以更快的速度来解决一个复杂问题。

超级计算是计算科学的重要前沿分支。早期，超级计算一直为气象预报、航空航天、海洋模拟、石油勘探、地震预测、材料计算、生物医药等领域提供算力支撑，可见超级计算机的服务对象是科学研究领域最前沿的方向，也是一个国家的技术命脉。

随着产业信息化升级和新一代信息技术的发展，超级计算的应用场景及需求越来越多，逐渐往"CPU + GPU"的异构方向发展，以支持运行人工智能程序。例如，位居全球超算"TOP 500"前列的 Summit（属于美国能源局下属的橡树岭国家实验室）和 Sierra（属于加州大学伯克利分校劳伦斯·利弗莫尔国家实验室）就是 IBM 专门针对大数据和人工智能工作负载而构建的。

　　与普通的计算机相比，超级计算机由超多个计算节点组成——一个节点就是一台计算机，每个节点都配有 CPU、GPU 以及专用处理器，节点之间以高速网络互联。目前，全球超算"TOP 500"的超级计算机运行的基本都是 Linux 操作系统。

　　曾夺得全球超算"TOP 500"第一名的"天河二号"拥有 16000 多个计算机节点，每个节点配备 2 个 Intel Ivy Bridge 架构 Xeon 处理器和 3 个 Xeon Phi 协处理器，共计 300 多万个计算核心。"天河二号"上运行的是国防科技大学开发的麒麟操作系统（Kylin Linux）。

　　历史上，超级计算机的计算节点只有 CPU，后来研究人员发现 GPU 在计算加速上有天然优势，于是开始将 GPU 加入到超级计算机上。"CPU + GPU"的组合，被称为异构计算。

　　在超算的实际使用中，并不是将成千上万个 CPU 和 GPU 都拿过来跑一个任务，也不是由某一个应用独占，而是各取所需，使用一种叫作调度器的软件来分配计算资源。超级计算机上的 CPU 和 GPU 等计算资源更像是城市中的共享单车：服务方先提供好一批计算资源放置在那里，使用方如有需求，即可向调度器申请；如果超算中有闲置的资源，则由调度器分配给需求方。超算中心提供一个共享的资源池，每个用户每次占用部分资源，多个用户可在调度器的调度下按照一定的规则排队。当然，这个资源池越大，每个用户能够获得的资源就会越多，排队等待的时间也就越短，加上一些合理的编程优化，每个计算任务的耗时就会越短。

5.1.2　超算的性能指标

　　超算的基本性能指标是 FLOPS，通常通过测试程序进行整体评价。

　　LINPACK 是线性系统软件包（linear system package）的缩写，1974 年由美国阿贡国家实验室应用数学所主任 Jim Pool 提出，现已成为国际最流行的用于测试高性能计算机系统浮点性能的基准，其采用高斯列主元消去法求解双精度稠密线性代数方程组，结果用 FLOPS 表示。

　　LINPACK 测试包括三类，即 LINPACK 100、LINPACK 1000 和 HPL。前两种测试运行规模较小，已不是很适合现代计算机的发展，因此现在使用较多的测试标准为 HPL（high performance LINPACK），它是第一个标准的公开版本的并行 LINPACK 测试软件包。HPL 是针对现代并行计算机提出的测试方式，用户在不修改任意测试程序的基础上，可以调节问题规模的大小（矩阵大小）、使用 CPU 数目、使用各种优化方法等来执行该测试程序，以获取最佳的性能。

目前，HPL 主要用于全球超算"TOP 500"与中国超算"TOP 100"的排名。

在全球超算"TOP 500"的排名中，经常可以看到一个指标：Rmax。Rmax 即实测浮点峰值，是指 LINPACK 测试值。也就是说，在某台机器上运行 LINPACK 测试程序，通过各种调优方法得到的最优的测试结果。实际上，在实际程序运行过程中，几乎不可能达到实测浮点峰值，更不用说达到理论浮点峰值了。这两个值只是衡量机器性能的一个指标，是用来表明机器处理能力的一个标尺，也可用于对其潜能的度量。

随着处理器和其他子系统发展的差距日益加大，人们对超级计算机的评价开始有所变化，逐渐抛弃单纯的 LINPACK 指标，而更加注重系统各个方面的性能以及它们之间的平衡性。如何协调处理器、存储设备、互联网络之间的性能关系，构建一个平衡的计算机系统，已经成为计算机系统设计时的关键问题。

5.1.3 超算分类

从算力资源的需求看，超算可以分为尖端超算、通用超算、业务超算和人工智能超算四大类。

（1）尖端超算：主要以国家级高精尖项目为主，具备追求极致性能、协助解决核心技术难关等特征，通常由国家主导与投入，对经济性的要求非常低。从性能上看，其通常可以满足万核以上的应用场景。

（2）通用超算：在满足自身算力服务的条件下，具备一定的经济性需求，兼顾服务与性价比的考量。通用超算可以通过自主建设中小微型超算服务系统或寻求超算云服务平台来满足超算需求。

（3）业务超算：更多地服务于所处行业的实际业务，其作用通常是满足业务的可靠性优化和成本优化，而非相关领域的创新验证性工作。

（4）人工智能超算：在人工智能应用快速发展的当下，人工智能超算成为重要的超算场景。人工智能超算指在大数据学习、人工智能算法模拟与优化、多类型数据分析与编解码场景下运用的超算服务。

按照应用需求对应的应用领域，超算又可分为：

（1）计算密集型应用（computing-intensive）：如大型科学工程计算、数值模拟等，其应用领域为石油、气象、CAE、核能、制药、环境监测分析、系统仿真等。

（2）数据密集型应用（data-intensive）：如数字图书馆、数据仓库、数据挖掘、计算可视化等，其应用领域为图书馆、银行、证券、税务、决策支持系统等。

（3）通信密集型应用（network-intensive）：如协同工作、网格计算、遥控和远程诊断等，其应用领域为网站、信息中心、搜索引擎、电信、流媒体等。

5.2 超级计算发展现状

新一代信息技术快速发展、多样性算法复杂度的不断提高以及应用场景多元化等因素使得超级计算方案需求不断增加，推动着全球超算市场快速发展。

5.2.1 国际超算发展情况

1964年，有"超算之父"之称的Seymour Cray研制的CDC 6600问世，并安装到美国劳伦斯·利弗莫尔国家实验室和洛斯·阿拉莫斯国家实验室中，开启了高性能计算技术和产业近60年的持续发展与繁荣。

在2022年5月底公布的2022年全球超算"TOP 500"名单中，美国橡树岭国家实验室（ORNL）的Frontier凭借1.102 EFLOPS的HPL分数夺得第一，它是第一台真正落地的E级超算，这也为多年来E级超算的竞争掀起了新一轮高潮。

美国是传统的超算强国，目前已构建了三大 E 级超算体系：美国能源部的 DoE 体系、国家科学基金会的 NSF 体系、航空航天体系（以美国国家航空航天局，即 NASA 为代表）。除了已经投产的 Frontier，Sierra 的后续 E 级超算升级将在 2023 年完成，预计将达到 4~5 EFLOPS。DoE 实施的 ECP 计划已投入 18 亿美元以研制 3 台 E 级计算机，另外还将投入 18 亿美元用于研发应用。此外，近年来，美国还采取"芯片禁售令"、列入"实体清单"等一系列措施向部分中国超算研发单位施加压力，以限制中国超算的发展。

日本作为工业大国与超算强国，自 20 世纪 80 年代中期开始，其自主研发的超级计算机的性能屡创佳绩。在美国的 Frontier 夺冠之前，日本的 Fugaku 连续 4 次排名第一。目前，日本依托于专业研究机构和高校研发的 E 级超算也在抓紧研制中。

欧盟在超算软件和应用研究上较有特色，PRACE、DEISA 等 E 级超算研究项目为欧盟超级计算行业的发展奠定了坚实的基础。在 PRACE 的基础上，预计欧盟将于 2023 年拥有 3 台 E 级超算。

"十三五"期间，我国在重点研发项目中设立"高性能计算"专项，力争突破 E 级计算机核心技术，依托自主可控技术，研制能够适应我国应用需求的 E 级高性能计算机系统，使我国高性能计算机的性能保持国际领先水平。在 E 级超算的开发和研究上，国防科技大学、中科曙光和江南计算技术研究所同时获批牵头 E 级超级计算的原型系统研制项目，在 E 级超算的研发上形成了齐头并进的局面。

除了最顶端的 E 级超算，就进入全球超算"TOP 500"榜单的超算数量而言，中美"争霸"态势依旧：中国以 173 台排名第一，占比达 34.6%，和上期持平；美国从上期的 150 台下降到 127 台，排名第二，占比为 25.4%（如图 5-1 所示）。

而在超算总性能排行榜上，美国的优势仍然不可动摇，以 47.4% 的总算力牢牢占据首位（如图 5-2 所示）。

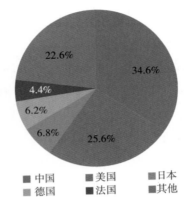

图 5-1 "TOP 500"超算数量份额图（以国家与地区计）

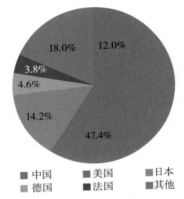

图 5-2 "TOP 500"超算算力份额图（以国家与地区计）

5.2.2 国内超算发展情况

经过近 10 年的快速发展，中国在超算领域的实力已达到世界先进水平。1993 年，中国第一台高性能计算机"曙光一号并行机"研制成功，打破了国外 IT 巨头对我国超算技术的垄断。自此，中国不断加快超级计算机研制步伐，在自主可控、峰值速度、持续性能、绿色指标等方面不断实现突破。

当前，我国初步形成的超算产业链由上、中、下游构成：上游主要包括硬件资源（计算、存储、网络等）、软件资源（基础软件、应用软件等）、配套基础设施资源（配电、制冷等）；中游是对上游的资源进行整合，提供强大的超算资源，并为相关需求行业提供超算服务及解决方案；下游是应用层，包括超算衍生产业和重点应用领域。

从全球超算"TOP 500"榜单来看，中国所占份额不断提升，逐渐开始和美国并驾齐驱。近年来，尽管入榜数量及占比有所下滑，但中国依然是全球拥有最多超级计算机的国家。同时，来自中国的"神威·太湖之光"与"天河二号"也曾多次打破美、日、欧的垄断，多次登顶榜首。

如果以供应商来排名，中国企业同样占据着主要地位。在全球超算"TOP 500"供应商榜单中，我国的联想以提供了160台超算排名第一，浪潮提供了50台超算，中科曙光提供了36台超算，华为提供了7台超算——也就是说，这4家企业提供的超算占据全球超算"TOP 500"榜单的50.6%（如图5-3所示）。

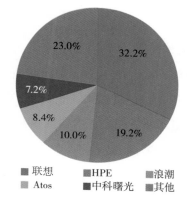

图5-3 "TOP 500"超算数量份额图（以企业计）

按全球超算"TOP 500"算力总性能排行，则是HPE、富士通、联想领先（如图5-4所示）。

近年来，我国超算进入快速发展的阶段，以国家级超算中心为主的国内超算平台在服务于国家、地方重大应用中发挥了重要作用。"十四五"和"新基建"正在驱动我国超算中心建设进入高速增长期，多地地方政府和企事业单位都在积极建设和筹建高性能计算中心。

据统计，从2009年国家超级计算天津中心获批为起点，科技部相继批准成立天津、长沙、济南、广州、深圳、无锡、郑州、昆山、成都、西安等超算中心。此外，还有地方政府和大学等科研单位共建的数十家超算中心，一

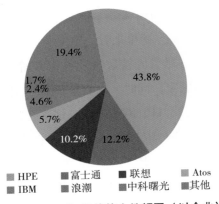

图 5-4   "TOP 500"超算算力份额图（以企业计）

些上市公司也以独建、承建、研发芯片软件、构建云计算中心等方式参与到
超算中心体系的建设中。

1. 国家超级计算天津中心

国家超级计算天津中心是 2009 年 5 月批准成立的首家国家级超级计算中
心，部署有"天河一号"超级计算机和"天河三号"原型机系统，构建有超
算中心、云计算中心、电子政务中心、大数据和人工智能研发环境。

2. 国家超级计算深圳中心

国家超级计算深圳中心于 2009 年获科技部批准成立，一期建设用地面积
1.2 万平方米，总建筑面积 4.3 万平方米。其主机系统由中国科学院计算技术
研究所研制、曙光信息产业（北京）有限公司制造。2010 年 5 月，经世界超
级计算机组织实测确认，其主机运算速度达每秒 1271 万亿次，排名世界第
二。该项目是国家"863 计划"、广东省和深圳市重大项目。

3. 国家超级计算长沙中心

国家超级计算长沙中心是科技部正式批准成立的第三家、中西部第一家
国家超级计算中心，采用"政府主导、军地合作、省校共建、市场运作"的
运营模式，由湖南省政府负责建设资金投入，湖南大学负责运营管理，国防
科技大学负责技术支持。中心坐落在湖南大学南校区内，占地面积 43.25 亩，
总建筑面积 2.7 万平方米，由"0"号超算大楼、"1"号研发楼及天河广场三
大主体建筑构成，拥有"天河"超级计算机、"天河·天马"人工智能计算

集群等多个计算平台。

4. 国家超级计算济南中心

国家超级计算济南中心建设主体为山东省计算中心，总部位于济南市超算科技园，2011 年 10 月起正式对外提供计算服务。济南中心的建设成功，标志着我国已成为继美国、日本后第三个能够采用自主处理器构建千万亿次超级计算机系统的国家。2011 年 10 月，经国家权威机构测试，济南中心的"神威蓝光"超级计算机系统持续性能为 0.796 PFOPS，LINPACK 效率为 74.4%，性能功耗比超过 741 MFLOPS/W，组装密度和性能功耗比居世界先进水平，系统综合水平处于当今世界先进行列，实现了国家大型关键信息基础设施核心技术"自主可控"的目标。

5. 国家超级计算广州中心

国家超级计算广州中心由广东省人民政府、广州市人民政府、国防科技大学、中山大学共同建设，坐落在广州大学城中山大学校区，总建筑面积 4.2 万平方米，其中机房及附属用房面积约 1.75 万平方米。该中心拥有"天河二号"超级计算机系统，是国家"863 计划"重大项目的标志性成果，由国防科技大学研制。其中，"天河二号"一期系统峰值计算速度达到每秒 100.7 PFLOPS、持续计算速度达到每秒 61.4 PFLOPS、总内存容量约 3 PB，全局存储总容量约 19 PB。"天河二号"在峰值计算速度、持续计算速度以及综合技术水平上处于国际领先地位，是我国超级计算技术发展取得的重大进展。

6. 国家超级计算无锡中心

国家超级计算无锡中心由科技部、江苏省和无锡市三方共同投资建设，委托清华大学管理运营。该中心坐落在无锡市蠡园经济开发区，拥有世界上首台峰值运算性能超过 100 PFLOPS 的超级计算机——"神威·太湖之光"。该系统属于我国"十二五"期间"863 计划"重大科研成果，由国家并行计算机工程技术研究中心研制，其运算系统全面采用了由国家高性能集成电路设计中心通过自主核心技术研制的国产申威众核处理器。"神威·太湖之光"也是我国第一台全部采用国产处理器构建的世界排名第一的超级计算机。

7. 国家超级计算郑州中心

国家超级计算郑州中心是 2019 年 4 月科技部批复建设的第七家国家超级计算中心，是"十三五"期间国家在河南部署的重大科技创新平台。2020 年 11 月，郑州中心通过科技部验收，并纳入国家超算序列管理。中心依托郑州大学建设运营，位于郑州大学国家大学科技园内，建筑面积共 4 万余平方米，其中机房及环境配套设施建筑面积 9000 余平方米。中心主机被命名为"嵩山"超级计算机，理论峰值计算能力达 100 PFLOPS，存储容量 100 PB，采用绿色节能的浸没式相变液冷冷却技术，PUE 值低于 1.04。"嵩山"超级计算机基于超融合自适应并行处理体系研制，采用"超算能力 + 云化服务"的模式，配备国产安全可靠的云计算平台、高性能计算集群管理调度平台、人工智能平台以及专业的在线运维平台。

8. 国家超级计算昆山中心

2020 年，国家超级计算昆山中心建设项目顺利通过验收，成为国家第八个超级计算中心。昆山超算中心集成了中国科学院相关领域的最新科研成果，与中科院中国科技云资源相衔接，成为共享超级计算平台，主要承接长三角区域大科学装置的先进计算及科学大数据处理业务。

9. 国家超级计算成都中心

国家超级计算成都中心位于四川省成都市成都科学城鹿溪智谷，总投资约 25 亿元，总建筑面积约 6 万平方米，旨在建成中国西部地区首个国家超级计算中心，于 2020 年 9 月建成投运，最高运算速度达到 100 PFLOPS。2021 年，成都中心纳入国家超算中心序列。

10. 国家超级计算西安中心

国家超级计算西安中心项目占地约 50.63 亩，共分两期进行建设，包括中心主体、配套办公楼与平台等。中心一期于 2020 年 8 月启动建设。

5.3 超级计算的关键技术

超级计算的性能受制于多个方面因素的影响，其中最主要的影响因素是高性能处理器。但是，高性能处理器并不是简单的 CPU 堆砌，如果在体系结构设计、高速互联网络、并行文件系统、储存列阵等方面有所欠缺，即使堆入再多的 CPU，其性能也无法提高。

5.3.1 高性能处理器

高性能处理器是超级计算机的核心，其核心能力是 64 位双精度浮点运算能力，其设计目标是提供完备、复杂的计算能力，在高精度计算方面能力更强。业界广泛用 LINPACK 测试衡量超算的性能，其测试重点为"双精度浮点运算能力"，即 64 位浮点数字的计算（FP64）。双精度浮点运算涉及大量的线性代数方程求解，而自然界的很多问题（包括科学问题、社会问题等）最后都可转化为线性代数方程求解问题。

2022 年 5 月底的全球超算"TOP 500"榜单冠军 Frontier 由 74 个 HPE Cray EX 机柜组成，可容纳 9048 个节点。每个节点有一个 AMD Milan Trento 7A53 Epyc CPU，搭载 512 GB DDR4 内存和 4 个 AMD Radeon Instinct MI250X GPU。整个 Frontier 总共配备 9408 个 CPU（每个 CPU 64 核）、37888 个 GPU，CPU 和 GPU 使用基于以太网的 HPE Cray Slingshot-11 网络结构进行连接。

排名第二的日本 Fugaku（富岳）超算系统基于 ARM 处理器架构研制，由富士通的 48 核 A64FX SoC 提供性能支持。

部署在国家超级计算广州中心的"天河二号"采用的则是 Intel Xeon E5-2692v2 12C 处理器，实测性能为 61.44 PFLOPS，运行麒麟操作系统（Kylin Linux）。历史上，"天河二号"曾连续六次位居全球超算榜单第一。

截至 2022 年 5 月发布的全球超算"TOP 500"榜单，英特尔所占的份额仍高达 77.4%，AMD 发展势头强劲，所占份额为 18.8%。预计未来一段时间，在超算高性能处理器领域，主要还是 AMD Epycs 与 Intel Xeon SP 互相展开竞争。

在"核高基"重大专项支持下，我国的多核与众核处理器研究取得重大突破，先后大规模应用于国产千万亿次系统。其中，部署在国家超级计算无锡中心的"神威·太湖之光"采用的是申威处理器，共有 40960 块处理器，实测性能为 93.01 PFLOPS，运行的操作系统是 Sunway RaiseOS 2.0.5。其于

2016 年部署以来，曾连续四次登顶全球超算排名榜。相比于同时代的商用多核处理器，申威众核处理器擅长处理计算密集型任务，具有更大规模的多级并行计算单元和独特的片上存储结构。

5.3.2 体系结构设计

前文提到，超级计算机不是简单的 CPU 堆砌，因为堆 CPU 也是一个技术活：如果体系结构设计得不好，高速互联网络做得不行，系统软件做得不好，储存列阵做得不行，即使堆再多的 CPU，超级计算机的性能也上不去。

以高速互联网络为例，其难点在于超级计算机的计算节点之间传输的数据量巨大，对时间延迟要求严格，当互联网络效率不足时，就会导致数据拥堵，大幅降低超级计算机整机的系统效率。而超级计算机的计算节点越多，对互联网络的要求也就越高。因此，即使想通过堆砌 CPU 来提升运算能力，也会受制于互联网络的性能，导致实际性能并没有因为堆砌了更多的 CPU 而有所提高。

另外，堆砌过多的 CPU，还存在功耗过高、机箱体积过大等问题，非常不利于日后的运营维护和使用，在超级计算机市场中基本不具备竞争力。

而在软件系统方面，控制少量计算节点和控制大量计算节点对软件系统的要求近乎天差地别。软件系统必须保证每个超级计算机计算节点的性能被发挥到最大才能充分挖掘出硬件上的潜力，否则就会影响超级计算机的整机效率。

因此，如果没有一个好的体系结构，那么 CPU 的性能将无法全部发挥出来，而且堆砌的 CPU 数量越多，整个系统就越复杂，对高速互联网络、存储列阵、监控系统、冷却系统和软件的要求也就越高，整机效率的提升也就越难。而在体系结构设计水平不够高的情况下，单纯堆砌 CPU 数量，反而会降低整机效率，无法提升整机性能。

举例来说："曙光星云"超级计算机采用了自主研发的超并行处理体系结构，"神威蓝光"超级计算机采用了大规模并行处理体系结构，"天河一号"超级计算机采用了多阵列可配置协同并行体系结构，"天河二号"超级计算机采用了自主创新的异构多态体系结构。

5.3.3 高速互联网络技术

高速互联网络设计的关键是高可扩展网络结构，其设计目标是低成本、高可靠地将一定数量的功能节点连接起来，构成一个性价比高的网络系统，这就需要研究新型网络拓扑结构、路由算法和交换技术。互联网络系统的性能与可扩展性是影响超算系统的性能和规模均衡可扩展性的主要因素。

1. RDMA 协议

超算对计算节点之间互联网络的要求，大致可以分为三类典型场景：

（1）松耦合计算场景：在松耦合场景中，计算节点之间对于彼此信息的相互依赖程度较低，网络性能要求相对较低。一般金融风险评估、遥感与测绘、分子动力学等业务即属于松耦合场景。该场景对于网络性能的要求相对较低。

（2）紧耦合场景：在紧耦合场景中，对于各计算节点间彼此工作的协调、计算的同步以及信息的高速传输有很强的依赖性。一般电磁仿真、流体动力学和汽车碰撞等场景即属于紧耦合场景。该场景对网络时延要求极高，需要提供低时延网络。

（3）数据密集型计算场景：在数据密集型计算场景中，各计算节点需要处理大量的数据，并在计算过程中产生大量的中间数据，所以该场景要求提供高吞吐的网络，同时对于网络时延也有一定要求。一般气象预报、基因测序、图形渲染和能源勘探等属于数据密集型计算场景。

总的来说，超算对互联网络的主要诉求就是高吞吐和低时延，为了实现高吞吐和低时延，业界一般采用 RDMA（remote direct memory access，远程直接内存访问）替代 TCP 协议。RDMA 通过一个虚拟的寻址方案让服务器知道和使用其他服务器的部分内存，无须操作系统内核的干预，既直接继承了总线的高带宽和低时延，又实现了时延的下降，降低了对服务器CPU 的占用率。

RDMA 协议对网络丢包非常敏感，在无损状态下可以满速率传输，大于0.1% 的丢包率将导致网络有效吞吐急剧下降，1% 的丢包率就会使 RDMA 吞吐率下降为 0。因此，要使得 RDMA 吞吐不受影响，丢包率必须保证在 0.01% 以下。所以，无损就成为网络的重要需求之一。

RDMA 是一种直接内存访问技术，将数据直接从一台计算机的内存传输到另一台计算机，数据从一个系统快速移动到远程系统存储器中，无须双方操作系统的介入，不需要经过 CPU 的处理，最终达到高带宽、低时延和低资源占用率的效果。

RDMA 的内核旁路机制允许应用与网卡之间直接进行数据读写，规避了 TCP/IP 的限制，将协议栈时延降低到接近 1 微秒；同时，RDMA 的内存零拷贝机制允许接收端直接从发送端的内存中读取数据，极大地减少了 CPU 的负担，提升了 CPU 的效率。

举例来说，40 Gbps 的 TCP/IP 流量能耗尽主流服务器的所有 CPU 资源；而在使用 RDMA 的 40 Gbps 场景下，CPU 占用率可从 100% 下降到 5%，网络时延从毫秒级降低到 10 微秒以下。

RDMA 本身指的是一种技术，在具体协议层面，包含 InfiniBand（IB），RDMA over Converged Ethernet（RoCE）和 Internet Wide Area RDMA Protocol（iWARP）三种协议。三种协议都符合 RDMA 标准，使用相同的上层接口，但在不同层次上有一些差别。上述几种协议都需要专门的硬件（网卡）支持。

（1）IB 协议。

IB 协议是当之无愧的核心，其规定了一整套完整的链路层到传输层（非传统 OSI 七层模型的传输层，而是位于其之上）规范。但是，由于其无法兼容现有以太网，除了需要支持 InfiniBand 的网卡之外，企业如果想部署的话，还要重新购买配套的交换设备。

（2）RoCE 协议。

从 RoCE 的英文全称就可以看出它是基于以太网链路层的协议，其 v1 版本网络层仍然使用了 IB 协议规范，而 v2 版本则使用了"UDP + IP"作为网络层，使得数据包也可以被路由。RoCE 协议可被看作 IB 协议的"低成本解决方案"，即将 IB 协议的报文封装成以太网包进行收发。由于 RoCE v2 可以使用以太网的交换设备，所以现在在企业中的应用也比较多，但是在相同场景下，相比 IB 协议，ROCE 协议的性能有一些损失。

（3）iWARP 协议

iWARP 协议是 IETF 基于 TCP 提出的，但是因为 TCP 是面向连接的协议，而大量的 TCP 连接会耗费很多的内存资源，且 TCP 复杂的流控等机制会导致出现性能问题，所以相比基于 UDP 的 RoCE v2 来说，iWARP 协议并没有优势（IB 协议的传输层也可以像 TCP 一样保证可靠性），所以相比其他两种协议，iWARP 协议的应用不是很多。

这三种协议的关系大致如图 5-5 所示：

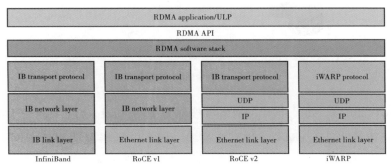

图 5-5　RDMA 主要协议对比图

2. InfiniBand 体系架构（IBA）

InfiniBand 是一种网络通信协议，其与传统的 TCP/IP 网络最大的区别就在于 InfiniBand 以进行通信的应用为中心，而 TCP/IP 以网络中的设备节点为中心。这一点是通过 RDMA 技术实现的。

在 InfiniBand 协议中，数据的传输任务直接交给 InfiniBand 设备完成，无须经过网络节点操作系统的转发。InfiniBand 也是一个分层协议，每层负责不同的功能，下层为上层服务，不同层次相互独立，每一层都能提供相应功能。InfiniBand 覆盖了 OSI 网络模型的 1 ~ 4 层：物理层（physical layer）、链路层（link layer）、网络层（network layer）、传输层（transport layer）。

InfiniBand 标准定义了一套用于多种设备的系统标准，包括通道适配器（channel adapter）、交换机（switch）、路由器（router）和网关（gateway），在线路不够长时，可用 IBA 中继器（repeater）进行延伸。

如图 5-6 所示，在 InfiniBand 连接拓扑中，采用的是交换式结构

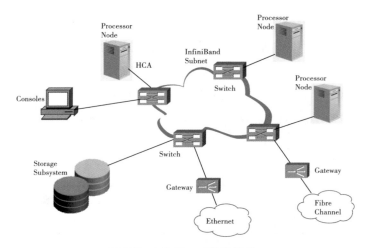

图 5-6　InfiniBand 体系架构

（switched fabric）。每一个 IBA 网络可被称为子网（subnet），每个子网内最高可有 65536 个节点（node），IBA 交换机、IBA 中继器仅适用于子网的范畴，若要通跨多个 IBA 子网，就需要用到 IBA 路由器或 IBA 网关。

如果一个节点想与 IBA 子网接轨，必须通过配接器（adapter）进行：CPU、内存通过 HCA（host channel adapter）连接，硬盘、I/O 部分则要通过 TCA（target channel adapter）连接。各部分之间的连接，称为联机（link）。

3. InfiniBand 生态

提起 InfiniBand 体系，就不得不提到两大组织——IBTA（InfiniBand Trade Association，IB 行业协会）和 OFA（OpenFabrics Alliance，开放架构联盟）。这两个组织是配合关系：IBTA 主要负责开发、维护和增强 InfiniBand 协议标准；OFA 主要负责开发和维护 Infiniband 协议和上层应用 API。

IBTA 成立于 1999 年，负责制定和维护 Infiniband 协议标准。IBTA 独立于各个厂商，通过赞助技术活动和推动资源共享来将整个行业整合在一起，并且通过线上交流、营销和线下活动等方式积极推广 IB 和 RoCE。IBTA 会对商用的 IB 和 RoCE 设备进行协议标准符合性和互操作性测试及认证。IBTA 由很多大型 IT 厂商组成的委员会所领导，其主要成员包括 Mellanox、英特尔、博通、华为、HPE、IBM、微软等。

OFA 成立于 2004 年，负责开发、测试、认证、支持和分发独立于厂商的开源跨平台 InfiniBand 协议栈，2010 年开始支持 RoCE。其对用于支撑 RDMA/Kernel bypass 应用的 OFED（OpenFabrics Enterprise Distribution）软件栈负责，保证其与主流软硬件的兼容性和易用性。OFED 软件栈包括驱动、内核、中间件和 API。

设计和生产 InfiniBand 相关硬件的厂商有不少，包括 Mellanox、英特尔、博通、富士通、华为等。

Mellanox 公司是业界公认的 InfiniBand 领域的领头羊，成立于 1999 年，总部设在美国加利福尼亚州和以色列。Mellanox 公司是服务器和存储端到端连接 InfiniBand 解决方案的领先供应商，在协议标准制定、软硬件开发和生态建设等方面都拥有最大的话语权。

4. 国内高速互联网络发展情况

当前，我国高速互联网络系统总体技术已达到国际领先水平。"天河一号""天河二号"基于自主设计的高阶路由器芯片和高性能网络接口芯片，实现了高性能、高密度、均衡扩展的互联网络。"神威·蓝光"自主设计的大规模高速互联交换系统突破了一系列关键技术，取得了多项创新性成果，包括高流量、可扩展的复合网络结构，满足了数万个节点规模下通信、I/O 的不同性能要求。

目前，超算已经发展到 E 级系统，在高带宽、低延时、高可靠、低功耗等方面对互联网络提出了前所未有的挑战。根据技术趋势和工程可实现性分析，面对未来配备高效能 E 级计算系统的互联网络，必须能够支持数千万异构核心，支持高效、灵活、自治的网络管理体系，传输速率达数百 Gbps。因此，E 级系统互联网络必须在多个关键技术上取得突破，才能高效支撑 E 级应用：与处理器的深度融合，消息机制，网络拓扑，路由算法，高阶路由器设计，网络管理，高速光电信号传输，等等。

5.3.4　集群管理系统

目前，几大主流服务器厂商都提供了自己的集群管理系统，如浪潮 Cluster Engine，曙光 GridView，HP ServiceGuard，IBM Platform Cluster Manager 等。集群管理系统主要提供以下功能：

（1）监控模块：主要功能是监控集群中的节点、网络、文件、电源等资源的运行状态，包括动态信息、实况信息、历史信息、节点监控等的参数。

（2）用户管理模块：主要功能是管理系统的用户组以及用户，可以对用户组以及用户进行查看、添加、删除和编辑等操作。

（3）网络管理模块：主要功能是进行系统中网络的管理。

（4）文件管理：主要功能是管理节点的文件，可以对文件进行上传、新建、打开、复制、粘贴、重命名、打包、删除和下载等操作。

（5）电源管理模块：主要功能包括系统的自动打开和关闭等。

（6）作业提交和管理模块：主要功能包括提交新作业、查看系统中的作业状态，并可以对作业进行执行和删除等操作，还可以查看作业的执行日志。

（7）图形交互界面：现在的集群管理系统都提供了图形交互界面，可以更方便地使用和管理集群。

集群管理系统中最主要的模块为作业调度系统。目前，主流的作业调度系统都是基于 PBS（portable batch system）来实现的。PBS 是功能最齐全、支持最广泛的本地集群调度器之一，最初由 NASA 的 Ames 研究中心开发，主要是为了提供一个能满足异构计算网络需要的软件包，用于灵活的批处理，特别是满足高性能计算的需要（如集群系统、超级计算机和大规模并行系统）。

PBS 的代码是开放的，可免费获取。PBS 支持批处理、交互式作业和串行、多种并行作业（如 MPI、PVM、HPF、MPL）。PBS 包括 OpenPBS、PBS Pro 和 Torque 三个主要分支。其中，OpenPBS 是最早的 PBS 系统，目前已经不再进行太多的后续开发；PBS pro 是 PBS 的商业版本，功能最为丰富；Torque 是 Clustering 公司接手 OpenPBS 之后并为其提供后续支持的一个开源版本。

5.3.5　并行计算编程模型

在科学研究中，经常需要大规模的计算与数据交换，而集群可以很好地解决单节点计算力不足的问题。但是，在集群中，大规模的数据交换是很耗费时间的，因此需要一种能够在多节点的情况下快速进行数据交流的标准，这就是 MPI（message passing interface，即消息传递接口）

MPI 是用于并行编程的一个规范，并行编程就是使用多个 CPU 来并行计算，以提升计算能力。MPI 是一种基于消息传递的并行编程技术，是一个库，而不是一门语言。MPI 定义了一系列与平台无关的、高度抽象的 API 接口，用于进程之间的消息传递。举一个最简单的例子：进程 X 是发送进程，只需提供消息内容（例如一个双精度数组）以及另一个接收进程的标识（例如进程 Y）；同时，接收进程 Y 只需提供发送进程的标识（例如进程 X），消息就可以从 X 传递给 Y。在这个例子中，没有建立连接、没有字节流的转换、没有网络地址的交换，MPI 将这些细节都抽象封装了起来，这样做的目的不仅仅是隐藏了其复杂性，而且还使应用程序能够兼容不同的平台、硬件以及网络类型。

MPI 是一种标准或规范的代表，而不特指某一个对它的具体实现，具体的使用方法则需要依赖它的具体实现（如 OpenMPI、MPICH 和 MVAPICH，可以在网上免费下载）。

迄今为止，所有的并行计算机制造商都提供对 MPI 的支持，一个正确的 MPI 程序可以不加修改地在所有的并行机上运行。

常见的 MPI 具体实现有以下几类：

1. OpenMPI

OpenMPI 是一种高性能消息传递库，它是 MPI-2 标准的一个开源实现，由一些科研机构和企业一起开发和维护。因此，OpenMPI 能够从高性能社区中获得专业技术、工业技术和资源支持，以创建最好的 MPI 库。OpenMPI 给系统和软件供应商、程序开发者和研究人员提供了很多便利。

2. MPICH

MPICH 是 MPI 标准的一种最重要的实现，MPICH 的开发与 MPI 规范的制订是同步进行的，因此，MPICH 最能反映 MPI 的变化和发展。MPICH 的开发主要是由美国阿贡国家实验室和美国密西西比州立大学共同完成的（在这一过程中，IBM 也做出了自己的贡献）。"曙光天潮"系列的 MPI 以 MPICH 为基础进行了定制和优化。

MPICH 含三层结构：最上层是 MPI 的 API；中间层是 ADI（abstract device interface）层，ADI 就是对不同底层通信库接口的统一；底层是具体的底层通信库，例如 P4 通信库、曙光 NX、BCL 通信库等。

3. MVAPICH

MVAPICH 是"VAPI 层上 InfiniBand 的 MPI"的缩写，它充当着连接 MPI 和 VAPI 的桥梁，也是 MPI 标准的一种实现。在美国俄亥俄州立大学超级计算机中心的科学家彼特于 2002 年开发出 MVAPICH 前，InfiniBand 和 MPI 是不兼容的。"天河一号"使用的 MPI 实现就是 MVAPICH。

5.3.6　超算常用的应用软件

除了提供算力资源，当前的超算服务提供商通常还提供常用的专业软件。客户购买算力服务后，可以免费使用已经集成的超算应用软件，或者在平台的应用商店下载软件并安装使用。

高性能计算常用的应用领域主要包括 CAE 仿真、动漫渲染、物理化学、石油勘探、生命科学、气象环境等。

1. CAE（computer aided engineering）仿真软件

使用 CAE 仿真软件，可以利用计算机辅助求解分析复杂工程和产品的结构力学性能以及优化结构性能等，主要应用于航空航天、汽车、船舶、机械、建筑、电子等领域。常用的 CAE 应用软件如表 5-1 所示。

表 5-1　常用的 CAE 应用软件

软件分类	软件名称	简介	内存	存储	网络
隐式 有限元 分析	ANSYS	通用隐式有限元软件	需求大，每100 万自由度需要 1～10G	I/O 要求高，I/O 占全部计算时间的1/3	IB 网络有优势
	NASTRAN	线性结构分析软件			
	ABAQUS	通用隐式/显式分析软件			
显式 有限元 分析	LS-DYNA	最出色的显式分析软件	需求小，每50 万自由度需要 0.5～1G	I/O 要求高	32 进程以上用 IB
	PAM-CRASH	碰撞和冲击分析软件			
	RADIOSS	碰撞、冲击、噪声分析			

续表

软件分类	软件名称	简介	内存	存储	网络
计算流体动力学	FLUENT	最通用的 CFD 分析软件	够用即可，每 50 万自由度需要 0.5~1G	I/O 量较小	IB 集群的整体性能会得到明显改善
	CFX	用于动力机械领域			
	STAR-CD	用于发动机模拟领域			
	FASTRAN	用于航天航空领域			

CAE 的主要处理流程大致为：几何建模、划分网格、指定荷载和边界条件，提交给服务器进行分析，显示结果，评估产品性能。

有限元分析（finite element analysis，FEA）利用数学近似的方法对真实物理系统（几何和载荷工况）进行模拟。利用简单而又相互作用的元素（即单元），就可以用有限数量的未知量去逼近无限未知量的真实系统。

隐式有限元分析（implicit finite element analysis，IFEA）是针对结构内部进行分析的，主要场景是结构设计。

显式有限元分析（explicit finite element analysis，EFEA）是针对碰撞、爆炸等结构的分析。

计算流体动力学（computational fluid dynamics，CFD）是预测流体流动、传热传质、化学反应及其他物理现象的一门学科。

2. 生命科学应用软件

生物科学主要分为生物信息学、分子动力学模拟和新药研发三个领域。常用的生命科学应用软件如表 5-2 所示。

表 5-2 常用的生命科学应用软件

软件分类	软件名称	简介	内存	存储	网络
生物信息学—DNA 序列比对	BLAST	序列相似性搜索软件	程序消耗的内存较大	I/O 要求高	通信较少，可用千兆网
	ClustralW	多序列比对软件			
	Censor Repeat Masker	重复序列检测软件			
	PHYLIP，PALM	系统发育树构造软件			

续表

软件分类	软件名称	简介	内存	存储	网络
药物研发领域	DOCK，AutoDock FlexX	半柔性对接程序	要求高，每个 CPU 核配 1G 内存	I/O 要求高	通信较少，可用千兆网
	Discovery Stulio	包含多种尺度的分子对接方法			
	ZDOCK，RDOCK	刚性对接，蛋白质对接			
	MORDOR	柔性对接程序			
分子动力学	NAMD	模拟大分子体系的并行分子动力学代码	要求一般	I/O 要求高	大量点对点通信，推荐 IB 高速网络
	GROMACS	研究生物分子体系的分子动力学程序包			
	CHARMM	商业软件，基于 CHARMM 势场			
	AMBER	商业软件，基于 AMBER 势场			
	LAMMPS	大规模原子分子并行模拟器			

生物信息学领域：使用 HPC 对生物基因数据进行测序、拼接、比对等处理，提供基因组信息以及相关数据系统，解决生物、医学和工业领域的重大问题。

分子动力学模拟领域：使用 HPC 进行大规模分子动力学模拟，通过模拟结果来分析和验证蛋白质在分子和原子水平上的变化。

药物研发领域：使用 HPC 快速地完成高通量药物的虚拟筛选，可使研发周期平均缩短 1.5 年。

3. 动漫渲染应用软件

目前，大量的图形渲染成为 HPC 应用的主要领域，其业务流程大致为：原始模式抽象骨架、作业提交、任务排队、激活任务、渲染作业、归档存储。常用的动漫渲染应用软件如表 5-3 所示。

表 5-3　常用的动漫渲染应用软件

软件分类	软件名称	简介	计算	存储	网络
三维制作软件	Maya	设计三维图像，图像建模	集群渲染，对每节点图像处理能力的要求高，对内存容量、内存带宽的要求高	多用于处理图像和视频数据，要求存储容量大、存储带宽高，突发性强	激活任务时，并发占用带宽高，应对突发事件的能力强
	3D Max				
	XSI				
	Lightwave				
渲染管理软件	Enfuzion	渲染任务的分发软件，完成渲染任务的调度管理			
	Qube				
	Muster				
	Drqueue				
渲染器	Renderman	三维图像渲染工具			
	Metal Ray				

4. 气象环境应用软件

气象预报是通过数学方法构建方程，将气象数据和边界参数导入方程求解，从而预测大气变化和状态的科学。常用的气象环境应用软件如表 5-4 所示。

表 5-4　常用的气象环境应用软件

软件分类	软件名称	简介	计算	存储	网络
气象预报模式	MM5	使用最为广泛的中尺度预报模式，后续会转向 WRF	算量巨大，预报精度提高一倍，所需计算量呈几何级上涨	海洋模式的程序大都对整个系统的 I/O 性能有较高要求，一般要求有分布式 I/O 或并行文件系统	通信极为密集，网络性能要求非常高
	WRF	在 MM5 模式上发展起来			
	GRAPES	中国气象局自主研发的数值预报系统			
	AREMS	适合对淮河、长江流域的暴雨进行预报			
	FVCOM	非结构网格海洋环流与生态模型			
物理海洋模式	ROMS	新兴的海洋模式系统			
	POM	三维海洋数值模式			
	HYCOM	原始方程全球海洋环流模式			
环境模式	CMAQ	空气品质模式			
	CCSM3	气候系统模式			
	CAM	大气环流模式			

5.4 超算的云化发展趋势

5.4.1 超算资源运营方

传统超算的供给主要来自国家超算中心，但目前国家超算中心的资源比较有限，且优先满足国家科研机构需求，大部分资源不对外开放。所以，必须要有专业超算服务商和公有云服务商作为补充。

1. 国家超算中心

国家超算中心的计费方式主要有排队作业和独占节点两种。排队作业就是付费用户的作业与其他用户的作业一起参与排队，用户作业所需资源具备时开始运行，用户需要按照实际使用的机时支付相关费用。独占节点的计费方式与云计算类似，可按月/半年/年使用付费。

几乎每家超算中心都有一套申请、审核、使用流程，平均超过 5 个步骤。以国家超级计算天津中心为例，申请步骤如下：提交用户情况—审查用户基本情况—填写用户管理文件—创建账号与密码—用户试用—提交试用报告—签订试用合同—正式试用。但是，并非所有用户提交的申请都能够获得通过，因为超算中心的资源会优先供给科研项目使用，对高校用户较为友好，商业用户的优先级则相对较低。

2. 专业超算服务商

近年来，市场上涌现出了一些专业超算服务商，他们自建超算资源，以服务科研客户、企业客户。同时，专业超算服务商也与国家超算中心开展资源合作，通过整合算力资源、叠加专业应用及快捷服务来构建差异化优势。

北京并行科技公司基于中国国家网格（www.cngrid.org）基础设施和自主研发的服务平台，面向物理、化学、材料、航天、航空、力学、气象、海洋、能源、汽车、生物等各领域的广大用户推出了超算云。其超算资源主要通过共建、合作两种模式，共 60 万核计算资源：共建资源主要包括北京超级云计算中心、中国科技云超算云、宁夏超算云、浙江超算云、长沙超算云；合作资源则包括与广州、深圳、长沙、济南、无锡等地的国家超算中心开展合作。

3. 公有云服务商

近年来，阿里云、华为云等公有云服务商也逐步基于云计算平台新增高性能计算资源，并对外提供服务。他们利用在公有云方面取得的成功经验，将算力作为一种 IaaS 服务来进行交付与管理，能够给运营者和最终算力的使用者带来极大便利。

阿里云通过云门户推出弹性高性能计算（E-HPC）和超级计算集群（super computing cluster，SCC）。弹性高性能计算基于阿里云基础设施，可为用户提供一站式公共云 HPC 服务，面向教育科研、企事业单位和个人提供快捷、弹性、安全、与阿里云产品互通的技术计算云平台。而超级计算集群服务器在弹性裸金属服务器的基础上加入高速 RDMA 的互联支持，大幅提升了网络性能，提高了大规模集群加速比，在提供高带宽、低延迟的优质网络的同时，还具备弹性裸金属服务器的所有优点。超级计算集群所带来的极致计算性能和并行效率、高速 RDMA 网络互联、弹性及安全兼具的 CPU 和异构（GPU 等加速器件）计算集群服务等特性能够满足高性能计算、人工智能、科学和工程计算、音视频处理等应用场景对性能的严苛需求。

华为云充分利用云服务的优势，在其公有云上部署 HPC 主机。参考弹性云服务器（ECS），可以用于在公有云平台上创建 HPC 云服务器，HPC 场景下所涉及的 HPC 云服务器都位于同一个 VPC 中。华为云的 HPC 云平台支持 IPoIB（Internet Protocol over InfiniBand），即利用物理 InfiniBand 网络（包括服务器上的 IB 卡、IB 连接线、IB 交换机等）通过 IP 协议进行连接，并进行数据传输。它提供了基于 RDMA 之上的 IP 网络模拟层，允许应用无修改地运行在 InfiniBand 网络上。不过，IPoIB 的性能要比 RDMA 通信方式低一些，所以，大多数应用还是会采用 RDMA 方式，以获取高带宽、低延时的收益，少数应用则会采用 IPoIB 方式进行通信。

5.4.2 高性能计算产品分类

中国信息通信研究院牵头制定的《高性能计算云白皮书》指出，高性能计算云是一种结合云计算技术的高性能计算服务模式，其中高性能计算是服务核心，云计算是服务模式创新的技术手段，多云互联是服务能力的扩展支撑。在此基础上，高性能计算云将与大数据、人工智能等技术深度融合，面向行业应用需求提供一体化智算服务能力，实现高性能计算云的能力拓展。其架构如图 5-7 所示。

高性能计算产品主要分为三种形态：

（1）以超算资源为底座，通过云计算的服务模式为用户提供高性能计算服务的超算云。

（2）以通用云资源为底座，为不同租户提供高性能计算服务的云超算。

（3）在不同的高性能计算云之间实现资源、数据、应用、服务等不同维度的云间协同与统一多云管理的多云互联。

下面，简单地对超算云和云超算做个对比。

1. 超算云

超算云的本质还是提供物理资源，优势在于其硬件性能可以 100% 提供给使用者，只不过借鉴了云计算的服务模式为客户提供算力服务。

在 PaaS、SaaS 技术创新下，超算资源云化能够将计算资源和解决方案的软件充分进行融合，配合智能的开发管理平台和配套的开发工具与套件，企业用户能够自主地实现计算资源的合理调度和计算能力的自由拓展。

与传统超算类似，超算云的主要服务场景也聚焦在工业仿真、人工智能创新、生物信息、气象、能源等方面。近年来，企业用户的超算应用场景越来越丰富，对高性能计算服务的需求也越来越强劲，典型的场景包括人工智能学习、媒体深度渲染等。强劲的下游企业用户的需求将大大增加企业用户对超算服务的付费比例和服务金额，企业用户对高性能计算行业的贡献比例将持续增加。

2. 云超算

云超算的供给主要来自公有云服务商，而公有云最大的优势就是具备资源弹性。因此，公有云服务商可以带着对云计算技术优势的理解，借助其在云计算方面的成功经验，逐步将优势延伸到超算领域。

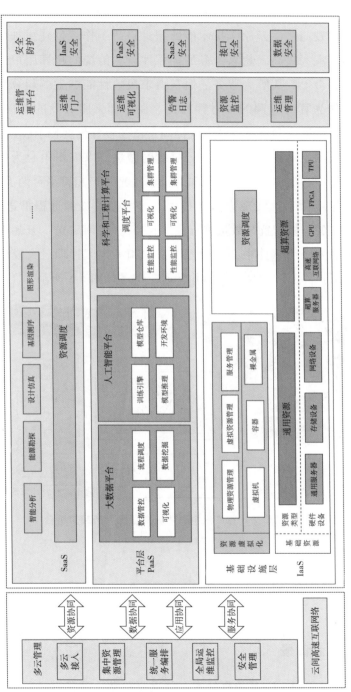

图 5-7 高性能计算云参考架构

近年来，随着虚拟化技术的成熟，虚拟机的损耗越来越小，云原生技术也大大降低了研发门槛，云原生技术能够帮助科研工作者创建更加敏捷、灵活的开发环境，大大提高云超算服务的操作体验。传统的超算用户也逐渐习惯了在公有云平台上购买算力服务。但在追求极致性能的尖端超算领域，云超算更多的是作为算力资源的临时性补充。在头部云服务商的积极推动下，云超算服务的市场推广和应用已经大大提高，市场教育程度趋于成熟。

目前，几大国家超算中心均有向云靠拢的做法，以广州中心为例：根据其官网介绍，该中心提供云超算服务和"天河星光"云超算平台两类云服务：云超算服务采用麒麟系统实现虚拟化技术，将虚拟机资源远程推送给用户，用户可按照所需的虚机配置与数量进行弹性购买；"天河星光"云超算平台则更进一步，可嵌入应用软件中心、远程可视化和工作流管理三大模块，能够让用户通过图形化界面进行高效使用并管理应用（如图5-8所示）。

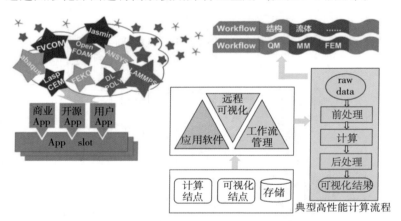

图 5-8　国家超级计算广州中心"天河星光"云超算平台

5.5　典型应用案例：高性能计算混合云方案

5.5.1　行业背景

在汽车研发过程中，CAE仿真技术有着重要意义。随着行业竞争的加剧，产品更新速度越来越快。CAE 在产品设计的质量、寿命、性能和成本等方面发挥着更加重要的作用，为汽车行业的高速发展提供了具有中心价值地位的技术保障，避免了传统的"设计—试制—测试—改进设计—再试制"这一重复性过程，为企业带来了巨大的经济效益。

现在，越来越多的工程师不愿意在 CAE 仿真校验时重新建立简单模型，而是直接用设计模型做仿真分析，这会使运算量增大很多；另一方面，为了更加接近对真实世界的模拟，越来越多的非线性有限元分析被广泛采用，这也是运算量激增的原因之一。

高性能计算（以下简称 HPC）在传统车企中的使用已经发展了许多年：从刚开始使用工作站计算，到建立企业级 HPC 集群，再到租用云端高性能计算资源做混合云。

国内主机厂的 HPC 计算核心规模大致在 1000 ~ 35000 核心，相比 10 年前，资源增加了 1000 倍以上。而反观互联网造车新势力，在不到 3 年内，其HPC 计算核心的规模就达到了万核以上。这些事实都说明，HPC 在汽车研发领域的价值和地位越来越重。

5.5.2 行业特点

企业建设 HPC 与传统超算中心的建设不一样，一般是随业务需求每年逐批建设，这就需要管理员在早期考虑好计算资源、高速网络、共享存储等关键设备的后期扩容问题，还需要结合 CAE 仿真业务特点进行统筹规划。此时，需要考虑的问题主要集中在三个方面。

1. 应用软件比硬件贵

CAE 软件许可一般是按 CPU 核心数量收费的，所以需要让 CAE 软件跑在最新、最快的硬件上。虽然高配置硬件会增加硬件成本，但相比贵 10 倍的CAE 应用软件成本，CAE 软件在高配置硬件上带来的收益远远大于硬件成本。

2. 计算需求是波动的

由于汽车市场的需求和竞争情况随时会发生变化，而且新车型的上市基本以年为单位，故留给 CAE 仿真验证的时间有限，这就需要 CAE 仿真人员必须精准计划仿真周期。另外，由于全公司都可共享使用 HPC 集群，在同时研发多个产品时，往往难以保证某款车型准时得到足够计算资源（比如，多业务冲突、资源的稳定性都会导致资源竞争）。因此，计算资源的需求是波动的，有业务高峰，也有业务低谷。

3. 自建 HPC 集群投入大

HPC 集群的建设需要考虑多方面因素，包括机房空间、供电情况、算力扩容、计算节点、共享存储、网络拓扑、应用软件、系统软件、用户支持、系统维护等。企业从项目立项到正常使用，通常需要 0.5 ~ 1 年的时间，时间成本较高。再者，建设规模与业务需求必须相匹配：一般而言，业务需求是波动向上增长的，而以年为单位的建设模式容易导致上半年资源利用率低，而下半年计算资源则不够。因此，计算资源规模的变化需要精细到月，甚至精确到天。

以上这些因素都会导致 HPC 的整体建设成本与维护成本居高不下，因此，如何才能将每一分钱都花在刀刃上，需要对业务有深刻的理解，比如：让硬件配置精确匹配应用软件，避免出现硬件性能瓶颈，减少无用配置。

以 StarCCM 软件（西门子设备仿真分析求解软件）为例，该软件对内存带宽和高速网络要求高、磁盘读写少，因此可以加大节点内存与计算网络的投入，减少计算节点本地的硬盘配置。

如需自建 HPC 集群，除了前期大量的基础设施与硬件设备的一次性投入，还需要拥有一支专业运维团队，才能确保高投入产出比。

5.5.3 需求分析

1. 项目背景

在其发展早期，某车企主要通过工作站或少量租用超算云资源的方式来满足仿真计算需求。随着研发业务流程的完善，计算仿真的需求越来越多，之前的计算仿真模式已经不能满足需求。客户急需建立自己的企业级 HPC 仿真平台，要求是既兼顾用户体验与数据安全，同时还要满足业务的高速增长——而作为创业型公司，控制好成本对其显得尤为重要。

经过多方调研、综合比较，该车企决定采用 HPC 混合云建设方案，以满足当前的各种计算需求，同时兼顾后续扩容。

2. 业务需求

根据该车企各部门提供的意见汇总，其计算需求包括碰撞安全、NVH、CFD 与热管理、气动、CAE 分析、CFD 分析、NVH 分析、多物理场耦合分析、电磁仿真、自动驾驶训练等方面，日峰值总共约 6000 核 CPU，一年存储容量需求约 100 T。

3. 需求小结

为该车企定制的 HPC 混合云方案既要满足其目前的计算需求，也需要具备一定的可扩展性，满足未来 3～5 年业务增长的需求。因此，HPC 仿真平台需要考虑以下方面：

（1）研发业务的周期决定了计算资源的需求是波动的。因此，平台的计算资源（CPU/GPU）需要具备弹性扩容的能力，做到按需扩容。

（2）考虑到 CAE 软件许可是按核心收费的，需要尽量保证许可的利用率，因此需要配备高主频计算节点；同时，考虑到应用软件的兼容性与结果文件的一致性，须采用 x86 架构 CPU。

（3）仿真数据的安全性必须得到保障：用户数据不能长期留存在云端，只能保存在企业内部。

（4）仿真过程的前后处理环节需要较高的流畅性，需要提供远程三维可视化的能力，同时尽可能复用已有的工作站。

（5）作业的计算结果通常比较大，需要大带宽的网络传输，缩短传输时间。

（6）方案需要整体规划，分期实施。未来，该车企可自建计算资源，亦可以租用计算资源，具备极高的兼容性与扩展性。

5.5.4 HPC 混合云方案

根据客户需求和长远规划，需要建设一个能够满足多方需求的 HPC 混合云仿真平台（简称 HPC 混合云方案）。

1. 方案思路

本方案将以超算云服务商的 HPC 应用服务平台（以下简称 ParaCloud）为核心，融合各个业务单元、整合各单位计算资源、集成 CAE 应用软件，实现前后处理计算一体化、提供云管功能、对接超算云弹性资源和本地计算资源，为 HPC 混合云的长远发展提供有力支撑（如图 5-9 所示）。

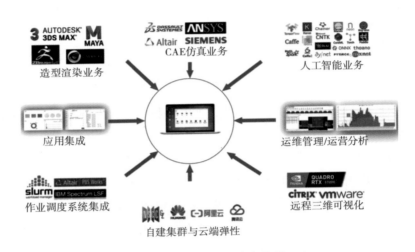

图 5-9　HPC 混合云业务架构图

2. 方案特点

（1）数据在本地，云端计算自动回传结果，确保数据安全。

ParaCloud 可以部署在用户内部，由本地共享存储保存用户数据。提交计算任务时，ParaCloud 先把算例文件同步到超算云；作业计算完成后，即刻将作业结果回传至本地共享存储，云端不保留作业结果。

（2）基于弹性计算资源，满足业务灵活性。

计算需求随业务需求波动，超算服务商的弹性计算资源可以在客户租赁的包年固定资源不足时自动使用弹性资源。这就既保障了业务的灵活性，又有效控制了包年成本。

（3）本地 Windows 前后处理与超算云结合，提升用户体验。

在以往的操作中，CAE 用户在工作站划分网格，然后将算例文件传输到超算云进行计算，计算完成后，再将结果拿回工作站进行后处理。如果结果不对，还需要重复上述步骤，直到计算出正确结果——但是，这样的工作流程效率低下。ParaCloud 可以将本地共享存储和 Windows 图形节点与超算云打通，数据无须再移动，极大地提升了用户体验。而且，如此以来，还从以前的每人 1 台工作站变成如今的多人共享 1 台图形服务器，提升了资源利用率。

（4）基于应用运行特征的硬件选型和性能管理。

HPC 追求极致性能，CPU 配置高不代表性能就一定好，内存带宽、磁盘读写、网络收发等都会影响软件的运行性能。ParaCloud 的应用特征模块能够实时抓取性能数据，分析软件运行特点，从而匹配最佳的硬件配置。

汽车行业使用最多的软件是 StarCCM 和 LS-Dyna，这 2 个软件通常会占用车企 80% 以上的计算资源。通过对其运行特征图进行分析、优化，就能得出整体的配置方案。

（5）IT 系统和研发系统对接。

HPC 集群采用 Linux 系统，一般是独立部署 NIS 用户认证，没有与企业用户进行认证对接。这就会导致存在多套用户认证，用户需要记住多个账号和密码，管理员也需要单独维护 HPC 集群上的用户列表。ParaCloud 可以和企业的 Windows AD 认证对接，省去了管理员进行账户管理的额外工作。

研发系统里面的 SDM 主要用于管理仿真数据，也具备提交作业的能力，但缺少前后处理能力；HPC 系统通常可以提交作业，但缺少前后处理和仿真数据的管理。ParaCloud 能够把研发所涉及的图形前后处理、HPC 求解计算、SDM 仿真数据进行整合管理，形成业务闭环。

（6）面向业务运营的定制开发。

每个企业都有自己的运营管理需求，ParaCloud 可提供常规的管理和统计功能，同时还可以根据企业需求进行二次开发，比如：为进行数字化转型，要求在作业页面增加项目、工况等选项；为了提升用户体验，显示作业排队原因，实时显示应用软件剩余许可数量；与已有的数据展示平台对接，开发数据库转换接口等。

3. 方案架构

HPC 混合云以 ParaCloud 平台为核心，包含硬件资源、系统软件、业务单元、用户服务门户等，以及为保证平台正常运行所需要的运营/运维管理服务，关键系统服务均有高可用性，可以在不中断业务的情况下对节点进行升级、替换、维护管理。HPC 混合云的方案架构如图 5-10 所示。

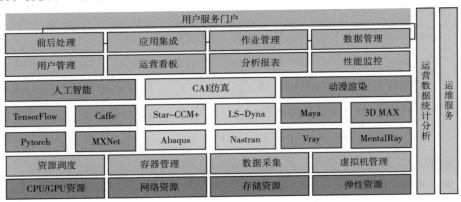

图 5-10　HPC 混合云的方案架构图

（1）用户服务门户：用户通过统一的入口执行使用计算资源、前后处理资源以及查看相关作业结果等相关操作；管理员通过独立的入口执行各种管理操作。

（2）业务单元：根据不同的计算场景，区分不同的业务平台。本方案提供的 CAE 仿真业务单元可以集成用户所需的求解器软件（如 StarCCM、LS-Dyna 等应用软件），同时也预留了人工智能和动漫渲染业务的接口。

（3）系统软件：系统软件将底层独立的硬件产品组合成一套完整的HPC 集群，并通过系统软件调度或驱动底层的硬件资源使硬件运行在最佳状态。

（4）硬件资源：包含管理资源、计算资源、图卡资源、网络资源、存储资源等组成 HPC 集群的各个部件。

5.5.5 方案组成

1. ParaPost 超算驿站

ParaPost 是一台集成了共享存储、图形显示并部署了 ParaCloud 企业版软件的一体化设备。该设备存放在用户内部，通过专线与超算云互联，用户数据存放在本地共享存储。一般使用流程是用户在本地实现 Windows 前后处理，然后将作业提交至超算云，作业结果自动回传至本地共享存储，最后在本地进行后处理工作。

2. 专线网络

ParaCloud 在全国主要城市都有 POP 点，通过 POP 点接入超算云，主干网络均带保护的专线链路，同时提供 VPN 备份，可靠性高达 99.99% 以上。另外，VPN 还可做负载均衡，可在业务高峰期加大传输带宽。许可访问则走 VPN 链路，可以明显提升专线负载较高的许可访问的稳定性。

3. ParaCloud 服务平台

ParaCloud 应用服务平台是专为 HPC 系统构建的基于 HPC 硬件层与应用软件层之间的集成平台，旨在在 HPC 混合云的基础上提供统一的用户管理、设备管理、应用管理、作业管理、统计管理、计费管理、云端接入等功能，从而提升用户使用体验和集群使用效率，为决策层投资决策提供翔实的数据支撑。

如果将 HPC 集群的物理硬件和专用软件比作传统 PC 的计算机硬件和专用驱动程序，那么，可以把 ParaCloud 服务平台理解为这套 HPC 系统的操作系统。ParaCloud 服务平台是基于高性能计算业务层面的抽象，能够提供统一的图形化云端界面，让用户站在业务的视角去使用和管理高性能计算系统。

用户只需使用一个平台，即可完成并行计算过程所需的前后处理、计算处理工序、完整的为用户提供所需的图形化远程桌面端的系统调度能力、计算资源调度能力、数据管理文件传输能力和性能分析能力，让用户完全告别繁杂的命令行，解放大脑与双手，真正提升工作效率。

ParaCloud 服务平台支持混合云模式，在不改变用户体验的状态下，让用户系统与外部的超算云资源轻松对接，拥有弹性计算能力。即使没有自建的计算节点，也能与超算云对接。

（1）软件系统架构。

HPC 集群整体分层为物理层、系统层、业务层和接入层，不同层级通过接口联通。并行科技自主研发的并行云数据处理引擎采用了插件式的采集组件、流式的数据处理模块和满足不同场景要求的实时关系型数据库、时序型数据库、大规模并发访问的分布式数据库以及数据的冷热区分处理策略，保证了数据中心的海量数据能够被高效而正确地存储（如图 5-11 所示）。

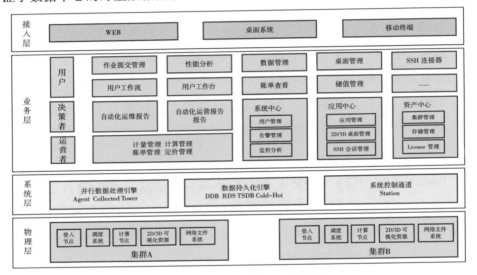

图 5-11　HPC 集群软件系统架构图

（2）软件集群基础模块。

ParaCloud 服务平台软件集群基础模块可提供命令行、应用集成、快算、快传、集群管理、对接云端等功能，满足日常的作业提交与管理需求。

（3）后处理模块。

区别于求解计算，前后处理要求的不是多 CPU 核心的并行计算能力，而是 GPU 的显示能力，满足用户在 2D 和 3D 可视化使用场景下划分网格或查看结果文件的需求。前后处理领域的应用软件厂商有很多，比如 Ansys、西门子、达索、澳汰尔等都有自己的前后处理软件（有 Windows 版本的，也有

Linux 版本的），常见的应用软件包括 Hyperworks、Star-CCM +、LSOPT、Para-view 和 Solidworks 等，还支持各类办公软件（如 Word、Excel、PowerPoint 等）。ParaCloud 可以将这些应用软件通过远程三维可视化技术发布给用户使用。Linux 和 Windows 远程三维可视化支持发布虚拟桌面和虚拟应用的模式。用户不需要为每人配置 1 台工作站，而是可以多人远程共享使用 1 台图形服务器。

用户只需要一台配置大显示器的普通 PC 机，即可远程连接到 ParaCloud 上的前后处理图形会话，每个会话只需 10 ~ 20 MB 即可流畅访问，1 台图形服务器可以允许 5 ~ 20 人同时使用，还可以添加多张显卡，以支持更多的人同时使用。

（4）应用特征模块。

高性能计算是一项复杂的交叉学科，以高性能微处理芯片和互联网络通信为基础，深度融合了计算机原理、并行通信、编译器、数学库、并行文件系统等技术专业领域，对硬件计算性能及应用优化专业性技术提出了极高的要求。因此，对 HPC 集群的性能监控极为重要。

HPC 运营数据包括硬件性能与计算软件应用运行特征，其中，应用运行特征涉及应用的系统级、微架构级及函数级性能；而通用计算监控软件仅展示 CPU、内存、网络、硬盘等通用系统级别的利用率情况。

ParaCloud 应用特征模块可以通过可视化的方式实时呈现整个平台的运行数据，并提供数据采集分析、管理控制、性能优化等功能。

（5）统计分析模块。

ParaCloud 是一个完整的 HPC 应用系统，在充分考虑业务需求的同时，也能深刻地挖掘 HPC 系统中的管控需求。ParaCloud 涵盖 HPC 系统中方方面面的性能指标、容量指标与环境指标，并根据业务的需要，使用大数据流式处理技术将实时监控指标聚合、关联成系统所需的分析指标，为系统使用者提供各种指标维度、时间维度、业务维度的监控与统计分析数据，并以最合理的图形化方式展现给用户。

从应用级的微观性能数据到集群级宏观能耗数据，ParaCloud 都可以展现；而其出具的自动化运维/运营报告更与集群系统工作人员的切身需求紧密结合，为决策层的投资定论提供精准的数据依据和支撑。

4. 超算云计算资源

外部超算云可提供多种硬件配置，包年资源可在 30 分钟内完成资源扩容，弹性资源随时可用，最小可满足 5000 核心的并发计算。

5.5.6 方案部署与优化

本项目的 HPC 混合云方案采用 ParaPost 交付模式：ParaPost 用户的机房可以通过"万兆专线 + VPN 互备网络"与超算云对接，实现本地存储用户数据和前后处理、云端计算的对接。如果前后处理人员较多，还可以通过 ParaCloud 软件将本地已有的图形工作站进行整合，以支持更多的后处理需求。

HC 混合云架构如图 5-12 所示。

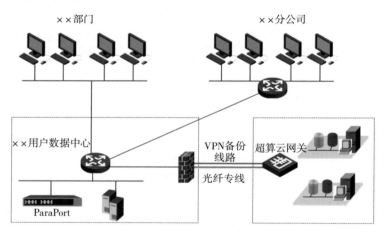

图 5-12　HPC 混合云架构示意图

1. 方案部署

HPC 混合云方案的整体部署，可分为三个阶段：

第一阶段：将 ParaPost 安装在用户的机房，对接用户的内部办公网络。

第二阶段：通过超算云开通账号，设置资源上限，安装用户所需的应用软件。

第三阶段：配置"万兆专线 + VPN 互备网络"，对接用户的数据中心与超算云。

2. 方案优化

如有需要，未来可在两个方面对以上方案进行优化：

（1）应用软件许可优化。

仿真研发离不开 CAE 软件，成熟的商业化 CAE 软件都价格不菲，这就大大增加了企业的研发成本。另一方面，即使购买了昂贵的正版授权，往往也会由于使用者个人的不当习惯而无法更高效地使用，间接造成了许可证资源的浪费。

企业需要一种可以像使用 SaaS 那样按需供给许可证资源的产品：需要的时候供给，不用的时候收回，将软件资产利用率最大化，从而有效控制购买许可证的资金投入。同时，还可以更科学地管理商业软件许可证资源，优化软件资产的投入，丰富企业软件应用体系，引导企业软件投入由单一的"增量"向多元化的"提质"转化。ParaCloud 提供的路由许可功能基于分时复用的技术开发，可以提升许可证的利用率，为企业降低成本。

（2）国产应用软件替代。

近几年来，由于国际局势的变化，国家在自主产权的核心工业软件方面的投入空前巨大，重视程度与日俱增。一批具有自主知识产权的国产有限元分析软件为国家 CAE 行业的起步奠定了重要基础，同时，这些 CAE 软件也具有较强的理论水平和技术能力。

在汽车领域，也逐步出现了一些优秀的软件替代方案——以 CFD（计算流体动力学）软件为例：上海大众使用的是开源软件 OpenFoam；而在国产的 CFD 软件中，FIPS 在风阻和噪声领域的仿真速度相比某些国外竞品快 3-5 倍。

本章参考文献

［1］常金凤,李宁东,江畅. 我国超算产业发展研究［J］. 信息通信技术与政策,2022,48（3）:64-68.

［2］弗若斯特沙利文咨询公司.中国超算云服务独立市场研究（2022）［EB/OL］.（2022-05-24）［2022-11-10］https：//www.sohu.com/a/550285491_121015326.

［3］中国信息通信研究院.云计算白皮书（2021 年）［EB/OL］.（2021-07-27）［2022-11-10］http：//www.ctiforum.com/news/guonei/590040.html.

［4］中投产业研究院.2022—2026 年中国超级计算行业深度调研及投资前景预测报告［EB/OL］.（2022-04-14）［2022-11-10］http：//www.ocn.com.cn/touzi/chanye/202204/ yunbc14150041. shtml.

［5］TOP500 The List. The 59th edition of the TOP500（June 2022）［EB/OL］.（2022-06-01）［2022-11-10］https：//www.top500.org/lists/top500/2022/06/.

［6］孙凝晖,谭光明.高性能计算机发展与政策［J］.中国科学院院刊,2019,34（6）:609-616.

第六章 边缘计算
CHAPTER SIX

———

　　边缘计算是近年来比较热门的领域，其与5G的深度融合为边缘计算的发展带来了前所未有的机遇。边缘计算并不是一种算力类型，严格来说,它只是算力从中心向边缘的延伸。

6.1 边缘计算概述

6.1.1 边缘计算的定义

2016 年 5 月，美国韦恩州立大学的施巍松教授团队给"边缘计算"下了一个正式定义：边缘计算是指在网络边缘执行计算的一种新型计算模型，边缘计算操作的对象包括来自云服务的下行数据和来自万物互联服务的上行数据，而边缘计算的"边缘"是指从数据源到云计算中心路径之间的任意计算和网络资源。

随着 5G、IoT、直播、CDN 等行业和业务的发展，越来越多的算力和业务开始下沉到距离数据源或者终端用户更近的位置，以期获得很好的响应时间和成本。边缘计算通过节点下沉来改善网络时延、减少网络资源占用。但是，节点可以下沉到什么程度？实际上，从最前端的客户现场到原来的云计算中心，皆有可能。

边缘计算的本质是以 CES（client—edge—server）模式取代 CS（client—server）模式：引入 edge（边缘）之后，就解决了 CS 模式跑不了重载业务的问题。

6.1.2 边缘计算的分类

边缘计算是一种分布式计算范式（distributed computing paradigm），它把

计算和存储部署到更接近需要的位置（一般是更靠近应用的数据源或使用者），从而缩短响应时间，并节省带宽。既然是一种范式，边缘计算就会有非常多的落地形态：早期的 CDN 产品，分布式云，边缘云，边缘网关，等等。

6.1.3　边缘计算的主要参与方

当前，边缘计算的服务方案主要包括云服务商、电信运营商和垂直行业厂商三大类主导方，各类参与方的侧重点如图 6-1 所示。

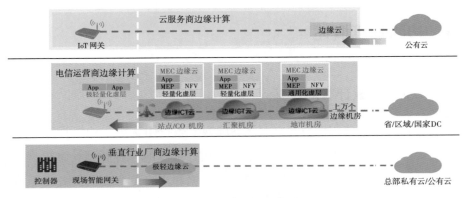

图 6-1　边缘计算解决方案对比图

（1）云服务商：AWS、微软、阿里云等主要公有云服务商重点关注边缘网关、本地私有云与中心云的云边协同。

（2）电信运营商：中国移动、中国电信和中国联通等电信运营商更关注边缘计算与通信网络的融合，如三家都在主推的 MEC 边缘云可以基于 ETSI MEC 架构，将 5G 移动通信网络与云进行深度融合。

（3）垂直行业厂商：垂直行业厂商覆盖面很广，以海康威视、大华等智能安防厂商为例，他们依托专业优势，更关注现场计算、时延和数据安全。

6.1.4　MEC

移动边缘计算（mobile edge computing，MEC）的概念最初于 2013 年出现。当时，IBM 与诺基亚、西门子共同推出了一款计算平台，可在无线基站内部运行应用程序。2014 年，欧洲电信标准协会（European Telecommunications Standards Institute，ETSI）专门成立了一个移动边缘计算规范工作组，推动移动边缘计算标准化。

2016 年，ETSI 把 MEC 扩展为多接入边缘计算（multi-access edge computing，也叫 MEC），将边缘计算从电信蜂窝网络进一步延伸至其他无线接入网络（如 WIFI）。

1. MEC 的内涵

这里所说的 MEC，其内涵已经得到扩展：

$$MEC = 多种接入 + 本地分流 + 能力$$

（1）多种接入：不管是通过 4G、5G 网络，还是通过固定网络，都能访问部署在边缘的业务。

（2）本地分流：如果是 4G 网络，可以通过 SGW 下沉到 MEC 来实现；如果是 5G 网络，可以通过 UPF 下沉部署来解决。

（3）能力：包括云计算资源、网络、业务能力等。

2. MEC 的主要应用场景

MEC 的主要应用场景可以分为本地分流、数据服务、业务优化三大类：

（1）本地分流：主要应用于传输受限场景和降低时延场景，包括园区、本地视频监控、VR/AR、视频直播、边缘 CDN 等。

（2）数据服务：如车联网等。

（3）业务优化：如视频 QoS 优化、视频直播和游戏加速等。

6.2 边缘计算的关键技术

6.2.1 MEC 架构

2014 年，ETSI 率先启动了 MEC 标准化参考模型项目。该项目组旨在为移动网络边缘（自己、合作伙伴或第三方）应用开发商与内容提供商构建一个云化的计算与 IT 服务平台，并通过该服务平台开放无线侧网络信息，实现高带宽、低时延业务支撑与本地管理。ETSI MEC 标准化的主要内容包括：研究 MEC 需求、平台架构、编排管理、接口规范、应用场景研究等。

2017 年底，ETSI MEC 标准化组织已经完成了第一阶段（Phase I）基于传统 4G 网络架构的部署，定义了 MEC 的应用场景、参考架构、边缘计算平台应用支撑 API、应用生命周期管理与运维框架，以及无线侧能力服务 API（如 RNIS、定位、带宽管理）。

1. MEC 架构设计原则

（1）网络开放：MEC 可提供平台开放能力，在服务平台上集成第三方应用或在云端部署第三方应用。

（2）能力开放：通过开发 API 的方式为运行在 MEC 平台主机上的第三方应用程序提供包括无线网络信息、位置信息等在内的多种服务。能力开放子系统从功能角度可以分为能力开放信息、API 和接口。API 支持的网络能力开放主要包括网络及用户信息开放、业务及资源控制功能开放。

（3）资源开放：资源开放系统主要包括 IT 基础资源管理、能力开放控制以及路由策略控制。

（4）管理开放：通过对路由控制模块进行路由策略设置，平台管理系统可针对不同用户、设备或第三方的应用需求实现对移动网络数据平面的控制。

（5）本地流量卸载：MEC 平台可以对需要本地处理的数据流进行本地转发和路由。

（6）移动性：终端可以在基站之间移动、在小区之间移动，也可跨 MEC 平台移动。

2. MEC 分层架构

根据 ETSI 的定义，MEC 共分为三层，如图 6-2 所示。

（1）移动边缘系统层（mobile edge system level）：负责对 MEC 平台进行全局掌控。系统层一般集中部署在核心网或中央机房。

（2）移动边缘主机层（mobile edge host level）：包含移动边缘主机（ME host）和移动边缘主机层管理实体（ME host-level management entity）。其中，移动边缘主机又可进一步划分为移动边缘平台（ME platform）、移动边缘应用

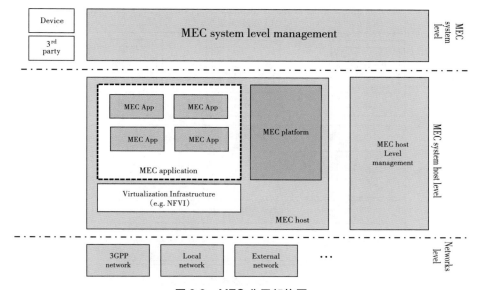

图 6-2　MEC 分层架构图

（ME application）和虚拟化基础设施（IaaS）。主机层可被分布部署在基站机房或接入/汇聚机房。

（3）网络层（networks level）：包含 3GPP 网络、本地网络和外部网络，该层主要表示 MEC 平台与局域网、蜂窝移动网或者外部网络的接入情况。

3. MEC 系统架构

根据 ETSI 的定义，MEC 系统架构包括三个部分（如图 6-3 所示）：

（1）MEC 虚拟化基础设施层：基于通用的 x86 服务器，采用计算、存储、网络功能虚拟化的方式为 MEC 平台层提供计算、存储和网络资源，并且规划应用程序、服务、DNS 服务器、3GPP 网络和本地网络之间的通信路径。

（2）MEC 平台层：该层是一个在 VIM（virtualization infrastructure manager，虚拟化基础设施管理器）上运行 MEC 应用程序的必要功能的集合，包括 MEC 虚拟化管理和 MEC 平台功能组件。其中，MEC 虚拟化管理利用 IaaS 的思想实现 MEC 虚拟化资源的组织和配置，为 MEC 应用层提供一个资源按需分配、多个应用独立运行且灵活高效的运行环境；MEC 平台功能组件通过开放的 API 为 MEC 应用层的应用程序提供各项服务，包括无线网络信息服务、位置服务、数据平面分流规则服务、访问的持久性存储服务以及配置 DNS 代

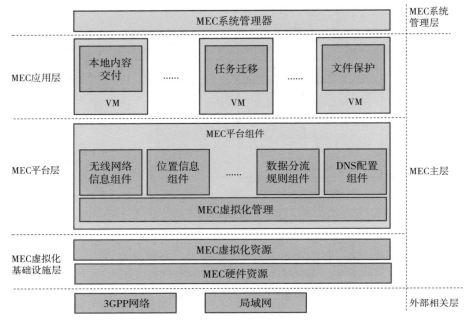

图 6-3　MEC 系统架构图

理服务等。

（3）MEC 应用层：是以虚拟机或容器方式运行的应用程序，如本地内容快速交付、物联网数据处理、任务迁移等。应用程序有明确的资源要求和执行规则（如所需的计算和存储资源、最大时延、必需的服务等），这些资源要求和执行规则由 MEC 系统管理器统一管理和配置。MEC 应用层可以通过标准的接口开放给第三方业务运营商，以此促进创新型业务的研发，提供更好的用户体验。

从 MEC 系统架构图可以看出，移动网络可以基于 MEC 为用户提供诸如内容缓存、超高带宽内容交付、本地业务分流、任务迁移等能力。

4. MEC 软件架构

根据 ETSI 的定义，MEC 软件架构如图 6-4 所示。

MEC 软件架构包括以下几个部分：

（1）MEAO。

MEAO（multi-access edge application orchestrator，移动边缘编排器）是

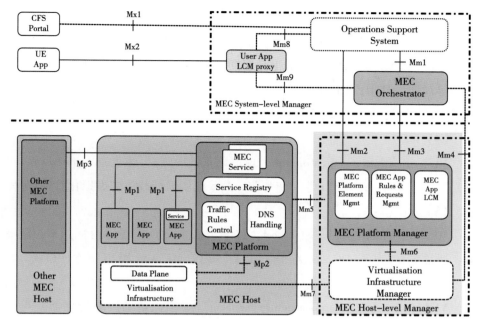

图 6-4　MEC 软件架构

MEC 业务的编排中心，通常全国只部署一个。MEAO 宏观掌控 MEC 平台所有的资源和容量，主要包括 VIM 中的计算、存储、网络资源、应用程序镜像资源，以及 MEPM 资源和 MEP 资源。在实例化 ME App 时，MEAO 首先加载应用程序的镜像、检查软件包的完整性和真实性，然后还需要衡量用户资源需求以及各个 ME Host 的可用资源，为其选择最为合适的 ME Host 进行部署。如果用户需要进行 ME Host 切换，则由 MEAO 来触发切换程序。MEAO 和 MEPM 之间通过 Mm3 参考点为 ME App 相关的策略提供支持。MEAO 与 VIM 之间通过 Mm4 参考点来管理虚拟化资源和应用程序的镜像，同时维持可用资源的状态信息。

（2）MEP。

MEP（multi-access edge platform，移动边缘平台）负责为 ME App 提供边缘服务（ME Services），包括服务注册、服务发现、状态监控、本地分流、DNS 服务、Local API 网关、负载均衡器、防火墙，以及无线网络信息服务、位置信息服务、带宽管理服务等一系列无线网络能力服务。

（3）MEPM。

MEPM（MEP Manager，移动边缘平台管理器）负责 MEP 的基本运维、ME Services 的配置、ME App 的生命周期管理以及 ME App 的应用规则和需求管理等功能。其中，ME App 的应用规则和需求管理包括：授权认证、分流规则、DNS 规则和冲突协调等。MEPM 和 MEP 之间通过 Mm5 参考点进行交互。

（4）VI。

VI（virtualization infrastructure，虚拟化基础设施），也就是 Hypervisor，可以是 KVM、Docker、ESXi 等一切为 ME App 提供运行载体的虚拟化管理程序。

（5）ME Host。

ME Host（multi-access edge host，移动边缘主机）是指一台通用 x86 服务器，通常部署在汇聚 DC 或边缘 DC，运行 MEP、ME App 和 VI 等软件模块。

（6）VIM。

VIM（virtualization infrastructure manager，虚拟化基础设施管理器）可以是 OpenStack、Kubernetes 等虚拟化资源管理程序，主要用于管理虚拟计算、存储和网络资源的分配和释放，管理 ME App 的镜像文件，同时还负责收集虚拟化资源的信息，并通过 Mm4 参考点和 Mm6 参考点分别上报给 MEAO 和 MEPM 等上层管理实体。

（7）ME App。

ME App（multi-access edge application，移动边缘应用）是运行在 VI 上的应用实例，可以通过 Mp1 参考点与 MEP 进行交互，以获取 MEP 平台的服务化开放能力（ME Services）。

（8）UE App。

UE App（user equipment application），即用户终端应用。此处不再展开叙述。

（9）UE App LCM proxy。

UE App LCM proxy（UE App life cycle management proxy），即用户终端应用生命周期代理。此处不再展开叙述。

（10）CFS Portal。

CFS Portal（customer-facing service portal，面向客户的服务门户）是运营

商面向第三方客户订阅并监控 ME App 的门户。通过 CFS Portal，客户可以选择订购一套满足其特殊需求的 ME App，或者将自己的应用程序接入 MEC 平台，并指定其使用时间和地点。

（11）OSS。

OSS（operations support system，操作支持系统）是提供给运营商内部使用的 MEC 部署运维中心，作为 MEC 平台最高级别的管理实体。OSS 从 CFS Portal 或 UE App LCM proxy 接收 ME App 的生命周期管理请求后决定是否授权。请求通过 OSS 认证授权后，OSS 与 MEAO 之间通过 Mm1 参考点来触发 ME 应用程序的实例化或终止实例，也可以通过 Mm2 参考点与 MEPM 进行交互，完成 MEP 的配置，并进行故障管理和性能管理。

4. MEC in NFV 融合架构

ETSI 在 2018 年 9 月完成了第二阶段（Phase II）的工作内容，主要聚焦于包括 5G、WIFI、固网在内的多接入边缘计算系统，重点完成了 MEC in NFV 融合的标准化参考模型、端到端边缘应用移动性、网络切片支撑、合法监听、基于容器的应用部署、V2X 支撑、WIFI 与固网能力开放等研究项目，从而更好地支撑 MEC 商业化部署与固移融合需求；同期，将开启第三阶段部署，即标准维护和标准新增阶段。

ETSI MEC 017 规范于 2018 年 2 月发布，重点描述了 MEC 在 NFV（网络功能虚拟化）环境下的部署。MEC 是一套与生俱来就内含了 NFV 属性的生态，MEC 017 规范可以被看作 MEC 003 规范的进一步扩展，更加面向实际部署和落地。整个融合架构遵循以下原则：①已有的电信网 NFV 架构网元尽量被重用；②MEC 可调用 NFV 的部分功能；③MEC 内部功能模块之间的信令不受 NFVO 控制；④MEC 同 NFV 之间的接口要重新定义。

我们可以把 NFV 标准化参考模型（图 6-5）和 MEC in NFV 标准化参考模型（图 6-6）做个对比——在标准构架上，两者看起来比较相似。

MEC 的虚拟化资源和管理重用了 NFVI（NFV infrastructure）和 VIM（virtualization infrastructure manager）的部分，而 MEC 的运维部署中心重用了 OSS 部分。这些网元在进行电信网 NFV 开发和部署的时候就已经建设完成了，所以 MEC 可直接调用, 无须进行二次开发。

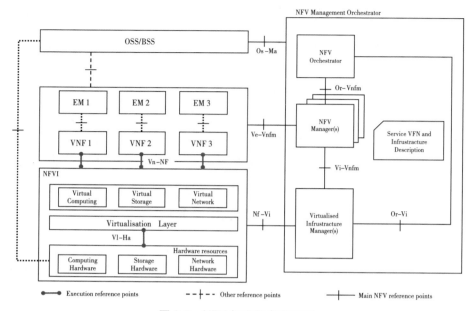

图 6-5　NFV 标准化参考模型

NFV 的网元大多是面向电信网的网元, 而 MEC 则更加偏向第三方 App 和业务, 业务种类也比 NFV 更加多样, 比如定位、分流、视频编解码等。基于 MEC 业务种类繁多的特性, 还是有必要根据 MEC 的业务特性和业务需求, 在 NFV 的基础上增加若干个全新的功能模块来协助 MEP 实现更多的功能（如图 6-6 中的 MEPM-V、MEP LCM 功能模块）。

MEC 根据 RAN 环境对 NFV 进行了优化, 它将移动接入网与互联网业务深度融合, 并将云计算和云存储下沉到边缘数据中心, 加速内容分发和下载, 且向第三方提供开放接口, 以驱动创新。通过 MEC, PGW-U/SGW-U/UPF 等核心网用户面的网元就可以下沉到移动边缘节点, 且由 NFV VIM、Orchestrator 和 SDN 控制管理。

此外, 还有一个不能回避的问题, 那就是 MEC 对 ME App 的管理策略, 这个问题代表了未来计算平台的运维模式和管理策略。

根据上面的参考模型可以看到, ME App 既受控于有 MEC 背景的 MEPM-V, 也受控于有 NFV 背景的 VNFM（ME App LCM）, 因此, 上面说的不能回避的问

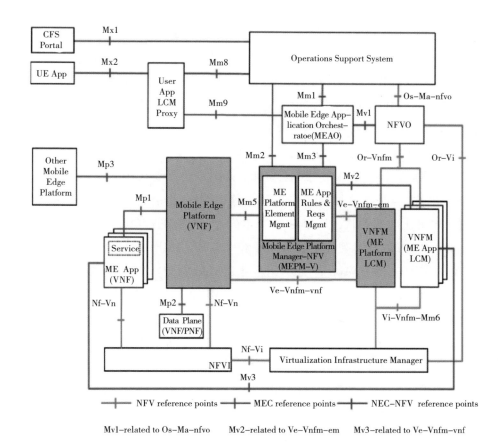

图6-6 MEC in NFV 标准化参考模型

题，其技术本质就在于 ME App 与 MEP 是否有交互。

（1）ME App 受控于 MEPM-V 模式：ME App 部署在 NFVI 上，同时经由 Mp1 参考点与 MEP 交互，并可能使用 ME Service，统一遵从 MEPM-V 的管理。由于 MEPM-V 中包含了应用规则和需求管理，因此这种方式就默认了 ME App 要与 MEP 进行交互。通常而言，MEP 由运营商自建，这种方式的好处是有利于构建 MEC 生态的 PaaS 能力，但如果第三方 App 只是想利用这些 NFVI 的资源，而对 MEP 及其之上的 ME Service 不感兴趣，那么第三方 App 就难以接受这种管理方式——这里因为，目前的 Mp1 接口定义还不够充分，第三方很难围绕 MEP 的服务化接口进行 App 的定制化开发，无疑是加重了第三方软件开发商的工作量。

（2）ME App 受控于 VNFM（ME App LCM）模式：在这种管理方式中，ME App 仅受到 NFV 的管理，即平台只是对 ME App 的生存周期进行管理。第三方 App 仅仅是租用了边缘数据中心的 NFVI 进行部署，让自己的 App 更加靠近用户，对 MEP 的服务化能力并不感兴趣。因此，ME App 仅仅从 NFVI 资源层面受到管理。这种商业模式其实就是租赁虚拟机甚至租赁物理机资源、IDC 机架资源的商业模式。从其实现方式来讲，第三方软件开发商的受益更加直接，可以直接获取 App 的部署资源，运营商也无须在 MEC 层面做过多的适配性开发。但是，这种方式并不利于营造 MEC 生态，因为它彻底抛弃了 App 同 MEP 之间的关联，从而使 MEP 也失去了存在的价值。

（3）ME App 同时受控于 MEPM-V 和 VNFM（ME App LCM）模式：这种方式结合了 MEC 中的 App 管理和 NFV 中的 App 管理。NFV 仅对 App 的生存周期和虚拟化资源进行管理，而 MEC 则对 ME App 的规则和需求进行管理，分工明确，职责不同。同时，这种方式还定义好了 Mp1 接口，为 ME App 提供 MEP 中的 ME Service，还可以借助边缘云平台的能力对 App 进行定制和优化。这种方式迎合了 App 和 MEC 平台搭建方的需求，同时也是未来比较合适的管理方式。

总的来说，MEC 是云网融合型的平台，其基础是提供边缘本地分流这样的基础网络服务，而其核心价值则是边缘云服务。边缘云服务主要包括以下三类：

（1）提供边缘 IaaS 服务：主要是边缘云主机、边缘云存储；

（2）提供边缘 PaaS 服务：主要是一些网络能力开放 API；

（3）提供自有或第三方边缘 SaaS 服务。

当前，互联网公司的主要需求是资源型边缘 IaaS 服务，而政企行业客户则需要以上所有服务。单纯从 MEC 业务需求的角度来说，电信运营商应该将三种服务都开放。但从提高业务掌控力角度而言，电信运营商肯定不希望直接向客户开放边缘 IaaS，他们更倾向于屏蔽底层能力，直接向客户提供边缘 PaaS 或 SaaS 能力。

5. MEC 在 5G 网络中的部署

为了在满足业务的低时延需求的同时节省不必要的网络传送需求，在 5G

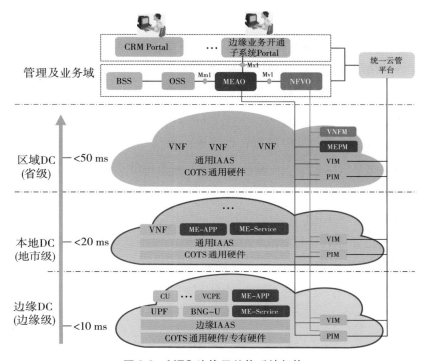

图 6-8 MEC 边缘云总体系统架构

协同。本地 DC 适合部署 vCDN、AR/VR、视频监控、云游戏等的广覆盖业务。

（3）边缘 DC（边缘级）：满足大型企业数据本地化处理以及时延敏感性业务的部署需求。由于边缘机房资源受限，某电信运营商提出了轻量化 ME-IaaS以及通用与专用硬件融合的方案。边缘 DC 采用极简运维、独立自制、即插即用，提供本地分流能力，适合部署车联网、工业控制、智能场馆等业务应用。

6.2.3 客户级 MEC 边缘云部署方案

关于 MEC 边缘云的客户端部署方案，主要是要回答好两个问题：一是部署在什么地方合适，二是共享还是独享。

1. 边缘云的部署位置

边缘云是相对传统集中的中心云计算而言的：边缘云是对中心到终端之间能力的补足，可以理解为中心算力的延伸。边缘与中心应该是互补的关系，因此，边缘云下沉的位置通常需考虑客户应用对延迟、带宽、数据隐私的诉求。

那么，边缘云究竟部署在何处才算边缘？其实，这个问题没有标准。在条件允许的情况下，建议在尽可能靠近终端（包括物、数据源或用户）的地方进行应用计算与数据存储，仅将必要的结果送到中心云，其核心目标是实现终端应用的快速响应和决策。

具体而言，边缘云可以部署在地市核心机房、汇聚机房、接入机房甚至客户机房：越靠近客户端，传输距离越短，时延越低。

一般来说，根据边缘计算设备的形态、位置，可以将边缘分为近边（near edge）和远边（far edge）。

（1）近边：一般是非标准服务器（如网关设备，可以是 ARM 设备或 x86 设备），在距离终端侧最近的地方（例如在工厂内部）。设备可以是在线或离线的方式，既满足特定行业对实时性的要求，又可以满足可靠性与安全性等要求。

（2）远边：一般是以标准服务器的方式配置，特别是对电信运营商而言，会更多地聚焦于远边标准化能力的打造，为视频监控、互动直播、游戏加速等应用场景提供更低时延的计算、存储资源。

在部署边缘计算时，如果仅仅是传输距离的差异，其实因部署位置不同而造成的时延差并不大——对光速而言，10 千米和 50 千米其实没那么大差别。但如果像 MEC 边缘云那样与运营商的移动网络完全融为一体，对来自移动网络的流量进行本地分流、就近分流，情况就完全不一样了。

2. 边缘云的部署模式

按照客户端的部署模式，MEC 边缘云分为专享型和共享型两类：专享型 MEC 边缘云面向单一特定客户，其软硬一体化设备部署在客户侧机房或者接入机房；共享型 MEC 边缘云面向多个客户提供多租户隔离服务，其软硬一体化设备一般部署在运营商汇聚机房（区县层级）及其以上。

（1）专享型 5G MEC：面向 toB 客户提供"即插即用一体化"专享服务，满足物理隔离、数据本地卸载的高安全、低时延要求，按需提供客户自分流、自部署、自运维等自助管理服务。

典型场景：工业制造、能源矿山、港口码头、城市安防、大型医院、高端景区等。

（2）共享型 5G MEC：针对时延敏感但物理隔离/私密性要求不苛刻的客户，以"多租户"方式共享边缘服务。

典型场景：大型场馆、集群式工业园区、云游戏、直播互动、自动驾驶、VR 教学等。

6.2.4　MEC 边缘云安全

1. MEC 边缘云面临的安全挑战

相比以往，MEC 边缘云在部署的物理位置、业务类型、网络架构等方面均发生了变化，因此面临新的安全挑战。

首先，MEC 设备部署在相对不安全的物理环境中，管理控制能力较弱，更容易遭受非授权访问、设备物理攻击等威胁。

其次，运营商网络功能与非信任的第三方应用部署在边缘云上，会进一步导致网络边界模糊、数据窃取与篡改、资源隔离等诸多安全问题。

再次，MEC 平台安全风险。MEC 平台与管理系统、核心网网元、第三方应用之间的数据传输存在被截获、被篡改的风险；MEC 部署在无线基站侧，用户与基站之间的空口通信容易受到 DDoS 等的攻击；MEC 平台自身也存在敏感数据泄露等安全风险。

最后，ME App 安全风险。恶意第三方可以接入网络提供非法服务；攻击者可以非法访问 ME App，导致敏感数据泄露；在 ME App 生命周期管理中，还存在非法创建、删除、更新的风险。

MEC 环境继承了虚拟化网络安全风险，另外又引入了设备的物理、网络功能以及 MEC 平台和 App 的安全风险。特别是在 MEC 框架中，为了实现各个层次的互操作性，会使 MEC 面临更多的安全风险。

2. MEC 边缘云的网络安全方案

下面，再从网络隔离角度，重点说说网络安全方案（如图 6-9 所示）。

根据网元属性划分不同的安全域之后，可通过部署防火墙或划分不同的

VLAN 实现隔离和访问控制。

（1）领域隔离：内部按照无线网络、核心网及自有应用、第三方 App 划分为三个 VDC，实现硬件隔离，并增加独立防火墙。

（2）MEC 子域隔离：可划分 UPF 子域和应用子域，隔离 IaaS 层资源。

（3）应用隔离方案：将不同的 App 部署在不同的主机组上，隔离 IaaS 层资源（因内容安全较为敏感，可增加 vFW）。

（4）NFV 隔离方案：通过可信启动、动态度量，支持软硬件防篡改、防软件逆向工程等。

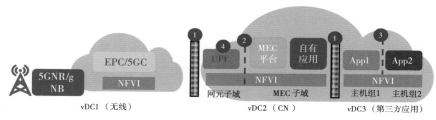

图 6-9　MEC 安全架构示意图

6.3　边缘计算的发展现状

6.3.1　国际巨头的布局

国际公有云服务商都已认识到，下一波创新浪潮将来自物联网、5G 和部署在边缘的机器学习分析技术的交集，因此，他们纷纷将其云平台、容器、业务流程和服务带到边缘数据中心或电信端点，其主要策略基本都是与电信运营商、数据中心服务商合作，将数据流量从运营商网络重定向到本地内容服务商。

从全球发展来看，当前的云计算架构正在逐步向"超大型数据中心 + 边缘迷你型数据中心"相结合的方式转变。

1. 微软使用 Azure Stack 扩展到 Azure Edge

Azure 认为，架构师和开发人员希望专注于应用程序，而不是基础架构。

Azure 具有启用混合边缘的三个选项，架构师可以利用 5G 网络以最佳方式部署数据处理、机器学习模型、流应用程序和其他实时数据密集型应用程序。

2020 年初，微软推出了 Azure Edge Zones，以扩大其在边缘计算领域的影响力。该产品与 AWS 的 Wavelength 相似，可通过多种方式使数据处理更接近最终用户。

首先，微软正在一些城市中建设和运营微数据中心。这些被称为 Azure Edge Zones 的本地数据中心将支持终端用户运行低延迟和高带宽的应用（如游戏或媒体制作）。

其次，微软与电信提供商合作，已经将 Azure 的功能置于其 5G 基础架构中。比如，微软与 AT&T 在洛杉矶和达拉斯部署了 Azure Edge Zones，还正在与其他几家电信供应商（包括 Vodafone、SKTelecom 和 Telefonica 等）合作，以扩大服务范围。此选项最适合需要低延迟数据处理或机器学习功能启用 5G 的移动应用程序。

此外，Azure Private Edge Zones 带来了 Azure 内部物联网和设备的安全。这项托管服务面向运行专用无线网络的公司，可以支持需要高可靠性和低延迟等特性的应用（如手术机器人）。

最后，企业还可以部署私有的 Azure Edge Zone。微软通过与数据中心提供商合作，提供了位置选择和网络灵活性，Azure Stack Edge 则将 Azure 计算和服务带到了边缘。Azure Stack Edge 可以使用容器或 VM 进行配置，并作为 Kubernetes 设备群集进行管理。该模型还针对机器学习和物联网应用进行了优化。微软还提供 Azure Stack HCI（超融合基础架构）和 Azure Stack Hub（用于部署云原生应用程序）。与其他云服务一样，微软通过订阅方式出售 Azure Stack Edge，其费用由实用程序计算。微软对其进行管理，并提供 99.9% 的服务级别可用性。

2. AWS 将服务从 5G 设备扩展到大规模分析

AWS 在 2019 年末发布了两个新的云基础架构模型，使数据处理更接近边缘。

第一个架构是 AWS Local Zones，为客户（通常位于人口稠密的地区）提供了与其距离更近的数据中心，向最终用户提供更快、更优质的响应体验。AWS 已经在洛杉矶推出了这个基础架构，并将 Netflix 和 Luma Pictures 列为最初的客户。

第二个架构是 Wavelength，通过使用电信运营商的基础设施，在无线网络上部署 AWS 存储和计算资源，以支持 5G 应用。AWS 于 2019 年分别与 Verizon、Vodafone、SKTelecom 和 KDDI 建立了合作关系。

AWS Wavelength 专为在 5G 设备上运行的低延迟应用程序而设计，包括联网车辆、AR／VR 应用程序、智能工厂和实时游戏。

3. Google 在边缘上推出 Anthos

与 AWS 和微软类似，Google 通过和 AT&T、Telefonica 在内的电信供应商合作，将其云计算能力应用于新兴的 5G 网络。Google 在 Edge 上推出的产品是 Anthos，使企业能够在 GCP 和数据中心中部署应用程序。

6.3.2　国内边缘计算布局

阿里云、腾讯云、华为云等云服务提供商以及三大电信运营商都基于各自的优势、禀赋，在边缘计算领域开展布局。

1. 阿里云推出边缘计算平台边缘节点服务（Edge Node Service，ENS）

自 2017 年阿里云战略布局边缘计算技术领域起，作为国内领先 CDN 服务商，阿里云在智能调度、拓扑感知、故障逃逸、分布式管控、自动化的装机运维配置等技术方面有深厚的沉淀，结合阿里云飞天操作系统的小型化、融合计算能力以及强大网络的多点协同能力，阿里云实现了从 CDN 向边缘云产品形态的演进。

ENS 依靠部署在靠近终端和用户的边缘节点来提供计算分发平台服务。这使客户能够在边缘上运行其业务模块，并通过"云—边—缘"协同效应建立分布式边缘架构，低时延、低成本，减轻了中心的压力。

2. 腾讯云推出边缘计算机器（Edge Computing Machine，ECM）

腾讯云通过 ECM 将计算能力从中心节点下沉到靠近用户的边缘节点，提供低时延、高可用、低成本的边缘计算服务。ECM 按实际使用量计费，企业可以根据业务需求调整边缘模块服务区域和规模，迅速灵活地应对业务变化，以更低成本为用户提供更快速的响应。此外，腾讯的微信小程序也是其边缘接入的最佳应用入口。

3. 三大电信运营商布局 MEC 边缘云

国内三大电信运营商基本都基于 5G 网络资源在边缘计算领域进行布局，并建设起了 MEC 边缘云平台和网络切片平台。

就 MEC 边缘云平台来说，其一方面实现了云网资源的统一纳管、统一编排以及 MEC 业务统一集约管理；另一方面，还通过 5G 切片网络帮助企业客户构建专用网络，使其终端以低时延的方式安全接入边缘云。

6.4　边缘计算的发展趋势

随着边缘计算、边缘云技术走向成熟以及相关解决方案在不同行业成功试点，边缘云也逐渐成为云计算"下半场"的新宠。

之前分析过，边缘计算的市场参与者主要包括云服务商、电信运营商、CDN 服务商以及聚焦垂直行业 IT 厂商。归纳起来，边缘云主要包括两大类型：互联网边缘云和移动边缘云（MEC 边缘云）。

互联网边缘云的主导者是以公有云服务为主的互联网公司，如 AWS、微软、阿里云等，它们发展边缘云的主要思路是将中心云下沉到边缘，共享成熟的公有云平台和产品。这一模式的特点就是将"长板"做得更长，但缺点是未能和移动通信网融合，云网协同不足。当然，AWS、微软也在积极推动与 Verizon、AT&T 在个别城市开展融合试点工作。

MEC 边缘云主要是由三大运营商主导，以边缘计算与 CT 网络（主要是 5G 网络）的融合为主要方向——MEC 还被认为是 5G 的关键技术之一。虽然运营商经常强调"云—网—边—端"协同，但"协同"大多还停留在战略上，实际上内部还是分成两条线在干，云边协同不足。

目前，MEC 边缘云主要还是面向 toB 用户，虽然在工业控制、医疗、交通等领域取得了一些应用标杆上的突破，但基本还在试点阶段。互联网边缘云虽然也取得了一些进展，但离开了 CT 网络，效果终究有限，甚至只是实现了 CDN 的下沉。

可以预判，边缘云的未来发展，一定是"移动边缘云"和"互联网边缘云"从两条平行线走向融合，即 toB 和 toC 的融合。从应用上来看，初期面向 4K 高清、AR/VR 等大带宽、低时延的 toC 应用可能更容易上规模；随着 5G 网络的完善，5G 切片网络、低时延等优势才能在 toB 领域逐渐体现。从技术上来看，在运营商的城域网汇聚节点部署边缘云，可以通过 UPF 下沉来汇聚来自固网、移动网络的流量，同时解决移动网络计费、移动性的问题。

随着 AI、IoT 与边缘计算的融合，边缘计算场景中的业务种类会越来越多、规模越来越大、复杂度越来越高。作为云计算的延伸，边缘计算将被广泛应用于混合云场景。边缘计算的规模、复杂度正逐日攀升，而短缺的运维手段和运维能力也终于开始不堪重负。在这个背景下，"云边端一体化运维协同"已经开始成为一种架构性共识。通过云原生的加持，云边融合的进程也正在急剧加速："云"层让我们保留了原汁原味的云原生管控和丰富的产品能力，通过云边管控通道将之下沉到边缘，使海量边缘节点和边缘业务摇身一变，成为云原生体系的工作负载；"边"侧通过流量管理和服务治理，使其能够更好地和端进行交互，获得和云上一致的运维体验，具有更好的隔离性、安全性以及高效率，从而完成业务、运维、生态的一体化。

6.5　典型应用案例：分布式边缘云项目

本小节以联通某子公司基于中心云与边缘云协同的一款视频监控平台——天影视频平台为例。该平台聚焦于提供视频接入、视频汇聚，为应急执法、乡村雪亮、明厨亮灶等领域的客户提供 PaaS 能力。

6.5.1　平台的目标

（1）在传统视频监控模式中，前端设备、存储计算设施、视频管理、视觉 AI 算法、行业应用等以厂家垂直"烟囱式"方式交付。而天影视频平台定

248

位于解决系统封闭以及设备、平台、网络不能互联互通的问题。

（2）天影视频平台提供通用视频计算、存储基础设施和视频管理能力，以开放 API，赋能各类垂直行业的 AI 及应用，可以解决算力有限、算法不灵活的问题。

（3）天影视频平台可以解决系统成本高、建设慢、运维难的问题。

6.5.2 平台网络架构

1. 整体架构

天影视频平台在省中心云上部署主节点，在地市边缘云上部署分节点，主节点与分节点构成级联关系。大数据分析、AI 训练在主节点上完成，边缘云则可实现视频接入、视频处理。天影平台网络架构如图 6-10 所示。

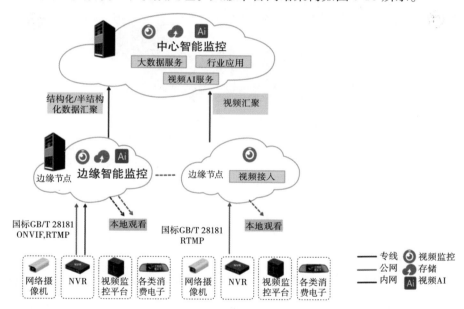

图 6-10　天影平台网络架构

主节点提供视频的云存储功能，采用对象存储模式，用于存储图片、音视频、文档等非结构化数据，支持高并发访问，具有完备的 API 及 SDK 接口。

2. 公安视频专网对接

天影视频平台与公安视频专网在地市层面实现对接，主要是为了满足天影视频监控平台的安防监控数据资源安全合规地接入公安视频专网（其中，数据资源主要为前端抓拍图片和相关数据、应用 API 接口数据等）。

建设方案是在天影视频平台与公安视频专网中间部署边界接入平台。该平台包含防火墙及准入网关、网闸等设备，包括 1 套数据接入链路和 1 套视频接入链路，分别用于将天影视频平台的视频和数据资源安全合规地接入当地公安视频专网（见图 6-11）。

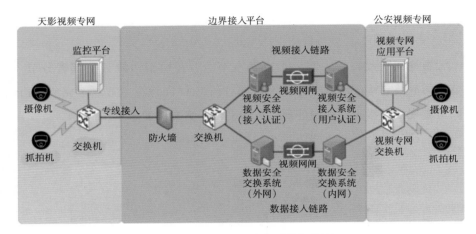

图 6-11   边界接入平台网络拓扑图

6.5.3   平台主要功能

天影视频平台的功能包括视频接入、视频处理、视频查看等 PaaS 功能、AI 算法仓库以及面向行业客户的 SaaS 应用。其功能架构如图 6-12 所示。

1. 视频接入

视频接入服务是系统提供的实时视频数据接入服务，可提供摄像头视频数据采集能力。借助视频接入服务，在视频接入后，可以与视频分析服务集成，快速构建基于实时视频数据的智能分析应用。

天影视频平台支持视频设备和视频平台的接入，从视频设备和视频平台中采集视频数据，支持视频设备管理和通道管理，支持视频设备的维护管理。

视频设备接入：支持同时接入网络摄像机的标清、高清视频；支持 DVR、NVR 等类型设备的接入；支持 Onvif、GB/T 28181、RTSP/RTP、RTMP 等标

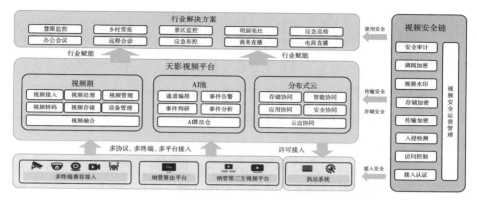

图 6-12 天影平台功能架构图

准协议，可快速接入采用标准协议的设备；支持海康、大华、宇视、巨峰等主流厂商私有协议设备的接入。

视频平台接入：天影视频平台支持与第三方视频平台互联互通，分层控制、分级管理。

多类型摄像头设备接入：系统支持视频资源级联，通过天影视频平台，可实时查看各项视频资源。

2. 监控查看

天影视频云平台支持接入设备的视频实况及回放功能；支持基于电子地图呈现设备的地理分布（按照类型、状态、告警情况，可将设备分为不同图标进行显示，同时提供图例说明）；支持基于电子地图同时展现设备状态分布统计图、设备厂家分布统计图、事件告警分布统计图等统计信息。

3. 视频处理

天影视频平台可提供视频编解码能力、视频转码能力和视频推流能力。

（1）视频编解码：平台支持对采集的视频进行解析，重新进行编解码，支持通过 GB/T 28181 协议、SDK 接口等方式向外部系统输出视频。平台支持采用 H.265/H.264/JPEG 视频压缩技术，集音视频编码压缩和数据传输为一体，支持 SRT、RTSP、RTMP、Http、Onvif、UDP/Multicast 等网络传输功能。平台具备稳定可靠、功能强大、组网灵活、拓展性强等特点，编码、解码一体设计，使用灵活。平台设计符合 GB/T 28181 协议，支持视频级联，同时可对外提供标准的云端 SDK 接口，对外共享编解码能力。

（2）视频转码：平台支持对视频进行转码，支持 H. 264、H. 265 等主流视频编码格式，支持 MP4、AVI 等主流视频播放格式。平台提供高质量、高并发、高稳定的音视频云转码及处理服务，集合了多种视觉 AI 与编码技术，通过 AI 模型对画面内容进行深度感知学习，根据视频场景及复杂度智能调节编码参数，以更小的码率获得更好的编码质量。

（3）视频推流：平台支持视频推流功能，根据需要将接入的视频流推送到外部。平台支持低延时的 RTMP 协议直播推流，并支持 RTMP、FLV、HLS 直播拉流协议。平台提供从视频采集、渲染、推流、转码、分发到播放的一体化视频直播解决方案。

4. AI 算法仓

平台提供 AI 能力仓，实现平台支持的 AI 识别算法能力的统一发布、查阅和能力开放，支撑行业场景一头多用，快速构建上层应用支撑。视频 AI 能力仓是对已发布的服务接口算法能力进行集中式管理的功能。平台支持按照算法类型、应用场景类型等方式管理、检索算法。

通过 WEB 页面列出服务接口列表，同时支持选择本地视频文件，在平台上实时进行 AI 算法功能的试用，直观展现 AI 算法的分析结果和能力。

AI 能力仓搭建了集成第三方厂商 AI 算法的能力框架，可实现多算法、多版本的融合，支持自有算法与第三方厂商算法的统一管理、添加和升级。

5. 视频运营管理

平台运营管理功能包含平台运营门户、设备运行维护和租户管理。

平台提供运营门户和统一展示的运营窗口，可综合呈现平台提供的资源、能力、服务，支撑视频监控分析类业务的运营。

平台支持面向多行业客户的多租户管理，实现多租户的创建和管理，支持配置租户信息及资源授权，实现多租户间的信息隔离、权限隔离，保障数据安全。

6.6 典型应用案例：联通 5G 边缘云

6.6.1 联通 5G 边缘云概述

近年来，各大云服务商纷纷布局 5G 边缘云赛道，让这一前沿专业领域迎来了巨大的发展机遇。

电信运营商具备独有的云网协同优势，能够以更低的成本有效提升连接、分析及决策的实时性、高效性、安全性，因此，5G 边缘云成为电信运营商发展云业务的关键利器。

联通 5G 边缘云以中国联通的 CT 联接能力和联通云的 IT 计算能力为切入点，打造云网边协同的差异化优势，以 DCS（distributed computing service）分布式站点服务、DS（dedicated site）专属站点服务及分布式私有云为核心产品，形成了"云网边端业"一体化的商用 5G 边缘云解决方案级产品。

联通 5G 边缘云有两大核心产品：DCS 分布式站点服务和 DS 专属站点服务。这两个核心产品之间形成了拉通、联动的关系。用户可在专属的站点开通 DCS 服务，同时依靠数据、网络等协同能力解决专属站点资源有限的问题。

DCS 分布式站点服务是在行业云上融合计算、存储、网络、应用核心能力的分布式云计算服务，具有"本地带宽、云网一体、云边协同"三大特点，可通过行业云平台将 DCS 服务创建在满足业务时延和接入要求的云资源池上，提供就近的云网资源；通过智能调度，满足行业客户在敏捷联接、实时业务、数据优化、应用智能、安全保护等方面的关键需求，提供一站式靠近终端侧客户、覆盖全面的云资源服务；通过就近计算和处理，优化响应延迟、中心负载和算力成本。DCS 分布式站点服务架构如图 6-13 所示。

DS 专属站点服务是本地化部署的软硬一体化产品，提供基础的云网资源，支持开通 DCS 站点服务及全量的行业云服务。DS 专属站点较之一般的行业云和私有云具有多重优势，兼具以租代建、随需扩容、丰富应用下发、平台免维护以及稳定优先、专属设备性能保障、数据本地存储等特点。这些优

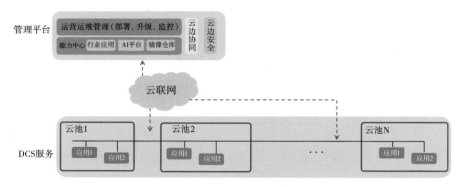

图 6-13　DCS 分布式站点服务架构图

势保证了联通 5G 边缘云在弹性扩容、应用下发等方面的高可用性。

DS 专属站点部署在本地数据中心，本地化物理隔离保证了安全合规，可接入统一管理平台进行统一运维，以降低运维成本。其融合了行业云和本地 IDC 的优势，用户可以在满足本地化"低时延、大带宽"需求的同时，享受行业云"全连接"的丰富能力。

6.6.2　联通 5G 边缘云在医疗行业的应用

以医疗行业细分场景为例：当前，很多医院都开始探索数字化转型，建设智慧医院，力求在业务节点间实现数据及资源的互联互通，但仍然存在医疗信息交互性、灵活度不足的现象。

为了能让医疗数据释放更多价值，打破系统间的信息孤岛，5G 边缘云面向院前、院内、院间三大闭环场景，从智慧医院、区域医疗协同、"5G + 公共卫生应急"等方面，整合"云 +5G + 应用"，规划设计一体化医疗服务平台（平台架构如图 6-14 所示）。该方案具有以下优势：

（1）多场景协同：多服务层次、多接入方式、多应用形态共同由一套体系来支撑，形成多个场景协同的局面，提升医疗整体智慧化程度。

（2）本地处理：应用 DS 专属站点，提供全栈专属的业务管理、就近算力供给服务、就近数据缓存服务，实现业务性能保证及数据合规。

（3）应用下发：在传统医疗业务之外，业务应用更新迭代快，需要灵活地根据需求实现应用变更，可以通过能力中心管理应用，做到随需下发，一

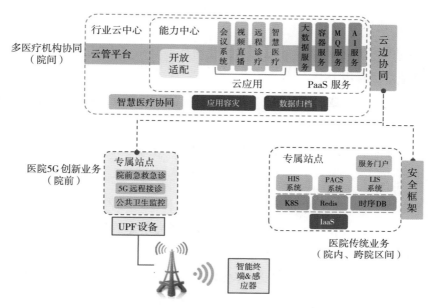

图6-14 "云+5G+应用"一体化医疗服务平台架构

键部署。

（4）云边协同：部署在医院的专属站点和中心云池，通过云边协同，满足应用容灾、数据归档等业务高可用方面的关键需求。

在医疗行业应用场景中，有两个核心矛盾：数据安全性与获取数据的便利性。这两个核心矛盾构成了一个矛盾体：到底应该部署私有云还是公有云？实际上，拥有分布式优势的 5G 边缘云可以在医院本地放置 DS 专属站点，提供本地的局域网访问；同时，联通云会将部分数据以及业务扩展到就近的联通云行业云池，而这个云池具有公有云属性——如此一来，就能够很好地解决这一矛盾。

6.6.3 ××医院应用案例

本案例基于重症监护的场景需求，以 CT 连接能力和 IT 的计算能力为切入点，为客户提供丰富、低时延的边缘应用。

该项目主要分为 5G 边缘云、5G 医疗专网以及 5G 医疗融合网关三个部分。

1.5G 边缘云

5G 边缘云由不同层级的边缘云构建而成，其中，主院区建设 DS 专属站点，其他院区采用 DCS 分布式站点。

在综合时延、成本、性能、可靠性等方面，可充分发挥云与边的不同优势：5G 边缘云发挥快速响应和就近响应机制，中心云端则发挥云端算力、开发工具等平台优势，两者相互协同，可实现重症监护系统架构的优化。

2.5G 医疗专网

充分发挥 5G 专网的价值，针对该医院建设 5G 医疗专网，并与该院医疗中心云互联互通，构建了"云边协同"的智慧医疗云平台架构。

5G 医疗专网主要围绕"5G + 院前急救""5G + 远程超声"场景需求，进行院内、院间、院外的组网建设和网络切片。鉴于不同场景对 5G 网络的诉求不同、对网络性能的要求不同，本项目针对重症监护的不同业务场景需求研究适配的网络切片模型，并加以应用，获得了最佳的业务体现。

3.5G 医疗融合网关

5G 医疗融合网关是针对医疗场景研发的支持 5G NSA/SA 双模的医疗行业定制终端产品，具备医疗设备多接口同步接入、多协议转换、多模网络传输、信息安全加密等功能，可应用于医院院前急救、重症监护、远程会诊等场景，保障不同接口型号的医疗设备可实现通信协议解析，满足医疗数据端到端实时传输的需求。

网关支持多种有线/无线接入方式，可以集成多种型号的医疗设备，包括除颤监护仪、呼吸机、心电图机、便携超声等，通过动态配置，形成适用于特定医疗设备的消息处理机制，自动获取医疗设备数据，实现数据的自动传输与协议转换，从而满足前端引用平台对医疗设备数据进行信息处理的需求。

对于超声、CT 等影像类数据传输和远程高清视频会诊等要求大带宽、高速率、低时延的应用，可在 5G 网络下实现 4K 超高清画面低时延、高安全的传输，满足院内 MDT 会诊、院间会诊以及高清音视频会诊的业务场景需求。

该案例通过 5G 网络融合基础、监测、治疗、辅助等智能医疗终端，构建了一张 5G 医疗专网；基于多院区的云边协同云平台，建设以患者为中心，贯穿院前、院中、院后，面向医护、家属、管理人员提供移动 ICU、重症监护、远程探视、远程 MDT、远程超声、智慧护理、远程康复全场景的远程重症监护平台，通过多院间的业务系统联动应用落地示范，建成了 5G 远程重症监护标准化体系。

本章参考文献

［1］施巍松,张星洲,王一帆,等. 边缘计算:现状与展望［J］. 计算机研究与发展,2019,56(01):69-89.

［2］ETSI GS MEC 003 V2.2.1 MEC:Framework and Reference Architecture［EB/OL］.（2020-12-20）［2022-11-10］https://standards. iteh. ai/catalog/standards/etsi/33721900-b227-4578-bed9-3fc8d917aa92/etsi-gs-mec-003-v2-2-1-2020-12.

［3］ETSI GR MEC 017 V1.1.1 MEC:Deployment of Mobile Edge Computing in an NFV environment［EB/OL］.（2018-06-21）［2022-11-10］. https://standards. iteh. ai/catalog/standards/etsi/c505c105-19e6-48fd-a246-e0d4c0394e5b/etsi-gr-mec-017-v1.1.1-2018-02.

［4］ETSI GR MEC 031 V2.1.1 MEC:5G Integration［EB/OL］.（2020-03-01）［2022-11-10］https://standards. iteh. ai/catalog/standards/etsi/b5866273-6ca6-438f-a143-84640fbefdbb/etsi-gr-mec-031-v2.1.1-2020-10#!.

［5］杨春建. 构建 MEC 全方位安全体系［J］. 中兴通讯技术,2020.

第七章　异构算力融合

CHAPTER SEVEN

—

异构算力融合，是指既可以在一台服务器上整合不同类型芯片的算力，也可以通过异构算力平台、算力网络整合异构算力中心的算力。

7.1 异构计算

随着5G、人工智能、物联网等技术的发展，对算力资源的需求呈爆炸性增长。如何提升算力，是我们要解决的首要问题。要想提升算力资源供给，一方面可以构建规模更加庞大的数据中心，即数据中心的 scale out（增大规模）；另一方面，也可以从算力的 scale up 入手，即提升单个计算节点的性能。

近年来，行业应用的多样性带来了数据和算力的多样性，特别是大数据和人工智能带来了越来越多的应用场景，比如核酸疫苗和核酸药物的研发、金融风控等场景都需要高性能计算与大数据以及人工智能技术相结合。如今，没有一种计算架构或计算平台可以高效地满足所有业务诉求，因此，异构正在成为解决算力瓶颈的关键技术方向。

对于异构，可以从微观和宏观两个方面来考虑。宏观上，我们可以通过异构算力平台、算力网络整合异构算力中心（通用计算中心、智能计算中心、超算中心）的算力，为客户的不同应用需求提供不同类型的算力。微观上，我们可以在一台服务器上整合性能、结构各异的计算单元（CPU、GPU 以及各类专用芯片），以满足不同类型的计算需求，实现计算最优化。这就是异构计算。

7.1.1 算力芯片

我们经常听到两个概念：性能和算力。就计算角度而言，这两个概念其实是一致的：性能，代表的是微观个体的计算能力；算力，代表的是众多的宏观个体计算能力的总和。可以用以下两个公式来说明它们之间的关系：

$$单位处理器性能 = 指令复杂度 \times 频率 \times 并行度$$

$$实际总算力 = 单位处理器性能 \times 处理器数量 \times 利用率$$

以上公式中的处理器，其实主要就是指芯片。常见的计算芯片包括 CPU、Co-Processor、GPU、FPGA、DSA、ASIC 等。我们可以为不同类型的芯片排个序，如图 7-1 所示：从上往下，计算越来越复杂，性能越来越好，而灵活性越来越低。

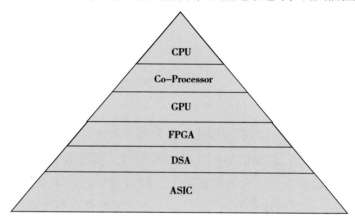

图 7-1　芯片分类图

6 个主要的处理器引擎类型分别为：

（1）CPU：由基础指令构成，只有 CPU 一个子类型。具备最好的灵活可编程性，可以用在任何领域，但性能相对最低。

（2）Co-processor：基于 CPU 扩展指令集的运行引擎，如英特尔的 AVX、AMX。

（3）GPU：小处理器众核并行，有较好的软件编程能力，覆盖的领域和场景较多，但性能居中，无法达到极致。

（4）FPGA：硬件可编程，需要通过逻辑或软件编程。

（5）DSA：具有一定程度上的可编程性，覆盖的领域和场景比 ASIC 要大，但仍需要很多面向不同领域的 DSA。

（6）ASIC：拥有理论上最复杂的"指令"。单个 ASIC 覆盖的场景非常小，因此存在数量众多的各类 ASIC 引擎。

通常而言，任务在 CPU 中运行，可将其定义为"软件运行"；任务在 Co-processor、GPU、FPGA、DSA、ASIC 中运行，则可将其定义为"硬件加速运行"。

回顾计算机的发展历史，其发展方向为从串行到并行、从同构到异构，接下来还会持续进化到超异构。

7.1.2 异构算力

早期的单核 CPU 和 ASIC 等都属于串行计算，后来出现了基于多核 CPU 的 CPU 芯片，这些都属于同构并行计算。这是因为 CPU 是"图灵完备"的，而 GPU、FPGA、DSA、ASIC 都是"非图灵完备"的，它们都是作为 CPU 的加速器而存在的，因此不存在除 CPU 以外的其他并行计算系统。

当前，AI 等新兴领域对计算量的需求已经超过通用 CPU 的发展速度，仅通过提升 CPU 时钟频率和内核数量而提高计算能力的传统方式遇到了散热和能耗瓶颈，所以需要 GPU、FPGA 等计算单元去配合 CPU 进行并行计算，大家分工协作，这就是"CPU + XPU"的异构并行计算。

异构计算早在 20 世纪 80 年代中期就产生了，主要是指使用不同类型指令集和体系架构的计算单元组成系统的计算方式。"CPU + GPU""CPU + FP-GA""CPU + DSA"都属于异构并行计算。

由于 ASIC 功能固定，缺乏一定的灵活适应能力，因此不存在"CPU + 单个 ASIC"的异构计算。"CPU + ASIC"的形态通常是"CPU + 多个 ASIC 组"，或在 SOC（System on Chip，片上系统）中作为一个逻辑上独立的异构子系统存在，并需要与其他子系统协同工作。

从狭义角度讲，SOC 是信息系统核心的芯片集成，是将系统关键部件集成在一块芯片上。从广义角度讲，SOC 是一个微小型系统——如果说 CPU 是大脑，那么 SOC 就是包括大脑、心脏、眼睛和手在内的系统。SOC 本质上也是异构并行计算的，可以将其看作由"CPU + GPU""CPU + Modem"等多个异构并行子系统组成的系统。

典型的用于机器学习场景的 GPU 服务器主板拓扑结构如图 7-2 所示：在这个 GPU 服务器的架构里，通过主板连接了两个通用 CPU 和 8 个 GPU 加速卡。其中，2 个 CPU 通过 UPI/QPI 相连，每个 CPU 分别通过 2 条 PCIe 总线连接 1 个 PCIe 交换机，每个 PCIe 交换机再连接了 2 个 GPU；另外，GPU 之间还通过 NVLink 总线相互连接。

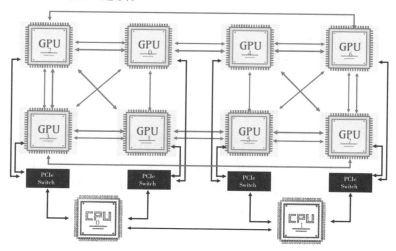

图 7-2　典型的 GPU 服务器主板拓扑结构

7.1.3　超异构

云计算、边缘计算等复杂计算场景对芯片的可编程能力要求非常高，甚至超过对性能的要求。如果不是基于 CPU 的摩尔定律失效，数据中心依然会是 CPU 的天下（虽然 CPU 的性能效率是最低的）。相较而言，CPU 的灵活性好，但性能不够；ASIC 的性能极致，但灵活性不够。

性能和灵活可编程性是影响大算力芯片大规模落地的非常重要的两个因素。两者如何均衡甚至兼顾，是一个永恒的话题。

针对这一问题，目前的主要做法是针对场景定制。通过 FPGA 定制，规模太小，成本和功耗太高；通过芯片定制，导致场景碎片化，芯片难以大规模落地，难以摊薄成本。

例如，在"CPU + GPU"的异构计算中，虽然在足够灵活的基础上，其能够满足（相对 CPU 的）一定数量级的性能提升，但算力效率仍然无法达到极致；在"CPU + DSA"的异构计算中，由于 DSA 的灵活性较低，因此不适合应用层加速。一个典型案例就是 AI：目前，主要是基于"CPU + GPU"完成训练和部分推理，而基于 DSA 架构的 AI 芯片还没有大范围落地。

针对上述问题所做的一个解决方案，就是把异构计算的孤岛连接在一起，形成超异构。

超异构可被看作将"CPU + CPU 的同构并行"和"CPU + 其他 XPU 的异构并行"有机组合到一起，从而形成一个新的超大芯片系统。它包括 CPU、GPU、FPGA、DSA、ASIC 以及其他各种形态的处理器。

超异构处理器拓扑结构如图 7-3 所示。

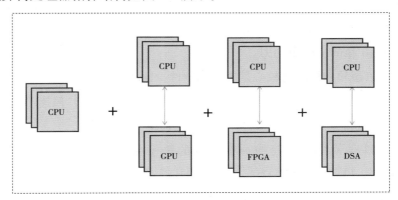

图 7-3　超异构处理器拓扑结构

超异构处理器（hyper-heterogeneous processing unit，HPU）可以算是 SOC，但又跟传统的 SOC 有很大的不同——SOC 几乎没有扩展性，而 HPU 可编程，有很好的扩展性。

随着应用的不断发展，最根本的软硬件矛盾仍然存在——硬件的性能提升永远赶不上软件对性能的需求。

要保证宏观算力的最大化，一方面是要持续不断地提升性能，另一方面还要保证芯片的灵活可编程性。未来，唯有超异构计算才能保证在算力得到数量级提升的同时，又不损失灵活可编程性，从而真正实现宏观算力的数量级提升，更好地支撑数字经济的发展。

7.1.4　主要芯片厂商的超异构布局

近年来，英特尔、英伟达、AMD 等主要芯片厂商不遗余力地布局 CPU、GPU、FPGA、DPU 等计算芯片，超异构计算大战已经开始。

1. 英特尔

英特尔认为,超异构计算拥有三大要素:首先,要有多种架构的芯片;其次,要在多个节点上部署已经生产好的芯片;最后,要向开发人员提供统一的异构计算软件,以供其使用。异构编程很难,而超异构更是难上加难。

英特尔进一步提出,要用 6 个不同的技术支柱(制程和封装、架构、内存和存储、互连、安全、软件)来应对未来数据的多样化、数据量的爆发式增长以及处理方式的多样性。这六大技术支柱会带来指数级的创新,也是英特尔未来 10 年的主要驱动力。

英特尔超异构战略的核心是架构和软件,即 XPU 和 OneAPI。

XPU 不是一个新的处理器或产品,而是一个架构组合,包括 CPU、GPU、FPGA 和其他加速器。

OneAPI 是英特尔构建的一套开源的跨平台编程框架,底层可以运行 CPU、GPU、FPGA 或其他 DSA 加速器,并通过 OneAPI 为应用提供一致性的编程接口,使得应用能够轻松实现跨平台复用。

2. 英伟达

英伟达的 GPU 产品在 NVIDIA Ampere 的基础上继续发展,并于 2022 年正式发布 NVIDIA Hopper。预计其将于 2023 年推出基于 ARM Neoverse 架构的 Grace CPU 芯片。Grace CPU 以 MCM(multi-chip module,多芯片模组)的形式构成,包括 CPU、GPU、DPU 和带有 ECC 的 LPDDR5x 的新型高带宽内存子系统,辅以使用 NVLink 通道技术,可以说是专为连接 NVIDIA GPU 所设计的。Grace CPU 对于英伟达来说意义深远,使其不必完全受制于 AMD 和英特尔与其在 CPU 上的合作关系。

英伟达从 2020 年 10 月正式宣布 DPU 以来,就从板卡层级将 DPU 和 GPU 通过 PCIe 相连接,做了一个融合 DPU 和 GPU 的解决方案。按照 NVIDIA DPU 的技术路线,英伟达计划从 Bluefield 第四代开始,将 DPU 和 GPU 集成一个单芯片。然后,在 DPU 和 GPU 集成的基础上,同时在 Chiplet 技术已经成熟的情况下,再将 CPU 集成进来。在不远的将来,英伟达的主角也许将是融合了"CPU + GPU + DPU"的超异构芯片。

3. AMD

2021 年，AMD 收购赛灵思，补齐了 FPGA 产品线。可以预见的是，AMD 的 CPU 和赛灵思的 FPGA 未来也将进行 "CPU + FPGA" 的异构整合。

7.2　异构计算中心

前文提到，随着大数据和人工智能等应用的丰富，越来越多的场景向着异构和云化的方向发展。比如，核酸疫苗和核酸药物的研发、金融风控等场景都需要高性能计算与大数据以及人工智能技术相结合。从人工智能应用场景来看，AI 训练主要在云端完成：移动互联网的视频内容审核、个性化推荐等，都是典型的云端推理应用。

近年来，通用计算中心、智能计算中心、超算中心等也不断借鉴彼此的优点。

（1）传统超算的云化、分布式发展。传统超算用户总在抱怨资源不够用，而平台的运营者总会担心浪费的问题——准备的资源越多，浪费的可能性越大，其背后实际上反映的是资源弹性不足的问题。又比如，资源使用流程烦琐，实际上反映的是资源调度问题。很多用户对于超算资源需要申请的做法很不理解：明明是云计算时代了，为什么还需要烦琐的申请流程？随着公有云服务商逐渐成为超算资源供应商，他们利用在公有云方面取得的成功经验，将算力作为一种云服务来进行交付与管理。

高性能计算任务多为计算密集型作业，其单个作业的运行时间常常持续数天甚至数月。通过算力网络，可以将高性能计算作业调度到多个计算中心进行分布式计算，提升计算速度，缩短制造仿真、EDA、生命科学、环境等多领域的研发和工程周期。

（2）智能算力资源朝着虚拟化发展。目前，云计算资源的虚拟化已经非常成熟，超级计算进行虚拟化的必要性不大，因此主要是对智能计算资源进行虚拟化，从而增强异构算力的整体可管理性。根据应用需求和业务特点对智能算力虚拟资源池中的计算资源进行细粒度切分，能够最大化地利用算力，提高资源利用率，降低运算成本，以避免在大规模计算设备集群中进行设备选择、设备适配的繁杂工作。异构算力资源虚拟化可通过 API 接口为上层应用提供所需的算力资源，并实现从虚拟资源池到物理资源池的映射。

（3）异构算力平台与应用相融合。将异构算力平台与行业智能化改造升级深度融合，可为多样化应用场景提供高性能、高可靠的算力支撑。比如，通过提供多算法融合调度、大数据规范化处理、多场景应用服务能力开放，能够助力构建智慧城市应用；采用智能视频管理方案，提供智能设备管理、AI 智能分析与服务等能力，能够打造"智慧园区一体化"解决方案；基于异构算力平台，能够实现生产设备的预测性维护、人工智能高精度机械设备、工业 AR 智能化生产辅助等智慧工业应用。

7.3　异构算力平台

异构算力平台是一个面向多元异构算力的异构融合适配平台，能够实现硬件性能与计算要求的有效对接、异构算力与用户需求的有效适配以及异构算力在节点间的灵活调度。

有了异构算力资源，用户就可以通过异构算力平台，按照自己的业务来选择合适的计算类型、存储类型。在虚拟化技术的加持下，用户可以快速获取所需的运行环境，并且可以随时切换不同的行业软件平台。

为整合异构算力资源，实现多元异构算力的统一调度和高效分配，可以按以下步骤执行：首先，建立对异构算力的统一调度机制；其次，通过软件定义，重构硬件资源池的智能化管理，提升软硬件性能和水平，保证业务资源的灵活调度和监控管理的智能运维；最后，基于应用场景的差异性，建立面向多样化异构算力资源和上层多场景需求的多元异构算力统一调度架构，统一资源实时感知，抽象资源响应和应用调度。

异构算力平台由硬件支撑平台、异构算力适配平台、异构算力调度平台、智能运营开放平台四个部分组成，如图 7-4 所示。

依托软硬件结合的融合架构，可能解决多种架构导致的兼容性差、效率

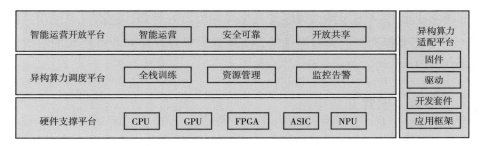

图 7-4　异构算力平台基本架构

低下等问题，并通过软件定义方式实现硬件资源的分类整合、池化重构和智能分配。

7.3.1　硬件支撑平台

基于融合架构，硬件支撑平台可实现 CPU、GPU、NPU、FPGA、ASIC 等多种硬件资源的虚拟化和池化。

在针对多元化数据进行处理的复杂 AI 应用场景中，硬件支撑平台能够将差异化的数据计算任务分派到最为合适的硬件模块中进行处理，让整个平台算力达到最优。

7.3.2　异构算力适配平台

异构算力适配平台是连接上层算法应用与底层异构算力设备的核心平台，也是驱动异构软硬件算力工作的核心平台，能够提供覆盖算力全流程的适配服务，使用户能够顺利地将应用从原平台迁移到异构算力适配平台。

7.3.3　异构算力调度平台

异构算力调度平台能够实现异构算力在计算节点间的灵活调度，满足高性能和高扩展性，形成标准化和系统化的设计方案。通常应由资源管理、监控告警等模块组成。

资源管理模块可针对多租户资源、IT 资源、服务器和调度资源提供相应的运营管理策略，同时对整个异构算力调度平台的资源提供报表管理、日志管理、故障管理等服务。

监控告警模块可为算力调度平台全局提供监控管理,包括资源使用、训练任务、服务器资源、关键组件等,实现数据采集存储和业务资源的有效监控和及时告警。

7.3.4 运营开放平台

运营开放平台可以提供软硬一体的融合解决方案,帮助用户建立开放、共享、智能的异构算力支撑体系和开发环境,实现对异构算力的智能运营、安全防护和开放共享。

在智能运营方面,运营开放平台可帮助用户对物理资源、集群节点、平台数据进行统一纳管,建立与异构算力资源特点相匹配的分配机制与流程,通过强有力的管理支持异构算力扩充。

在安全防护方面,运营开放平台可部署主动防御可信平台控制模块,整合适配可信操作系统与平台内核,在整个平台管理过程中建立完整的信任链,营造可信计算环境、安全控制机制和可信策略管理,防范恶意入侵和设备替换,增强平台安全可控水平。

在开放共享方面,运营开放平台可面向行业发展需求,开展技术研发、成果转化和落地等工作,构建开发者生态社区。

7.4 多样性算力网络

随着5G、人工智能、云计算、大数据等新一代信息技术在各行各业的广泛应用,行业应用的多样性大大发展,同时带来了数据和算力的多样性。未来,算力网络将进一步连接智能计算中心、高性能计算中心和一体化大数据中心,演进为多样性算力网络,满足数字化技术交叉应用的广泛需求。

例如,大模型训练成本极高且耗时长,但通过多计算中心大模型的并行训练,辅以成本寻优能力,就可以解决大模型发展过程中的障碍。

因为大数据的迁移成本和管理成本高以及安全保护难等原因,当前,大数据孤岛仍然广泛存在于地域间、行业间和组织间,通过算力网络,就可以在原始数据无须迁移的前提下，从逻辑上汇聚多源数据，并对其进行一体化分析。

新的网络技术的发展和架构的演进可使计算中心间的网络更加稳定、成本更低、延迟更低、带宽更大，能够实现各类算力中心间的快速高效互联，打造算力高速公路。

多样性算力联网让 AI 和 HPC 不再是独立的系统，而是有可能整合成一个统一的复杂工作流。通过对 AI 训练与推理任务、HPC 仿真与建模任务的智能调度，可以实现跨计算中心、跨工作域的协同作业，打破科学应用的边界。

此外，当前还存在大量通用算力资源，多样性算力网络也将包含以大数据为典型负载的通用算力，最终构建包括 AI、HPC、大数据在内的多样性算力面向多租户的统一调度，并实现算力和数据的一体化调度，提供可靠、可信、普惠的算力服务。因此，算力网络最后将走向智能计算中心、超算中心和一体化大数据中心的多样性算力互联和融合，这是满足未来数字化技术交叉应用的关键。

多样性算力网络架构如图 7-5 所示：

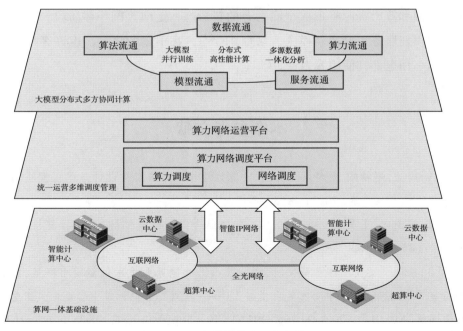

图 7-5　多样性算力网络架构

多样性算力网络是一个分阶段逐步发展的过程，需要相匹配的算网智能感知和灵活调度机制，在用户无感的情况下实现任务和数据的调度，达到最佳的用户体验。

算力和网络的深度融合带来了应用场景的创新。通过计算中心联网与创新协作，可以实现联网学习、多方计算等新型计算范式，面向科研、政府、医疗、制造、能源、交通、金融等场景提供隐私计算服务，并激发千行百业的智力资源，汇聚各类大数据、大模型、大应用。

7.5　未来展望

当前，超级计算、智能计算的云化发展不再是新话题，通过算力网络、异构算力平台将分散的云计算、边缘计算、智能计算、超级计算资源整合起来，以统一的服务模式面向客户提供，可为算力运营商和算力使用者带来极大便利。

随着"云—边—端"三级算力全泛在、"空、天、地"一体网络全互联，网络资源和算力资源将形成全面融合的新形态，走向算网一体阶段。算网共进，提供新服务、打造新模式、培育新业态，在不远的将来，也许客户就能像用水、用电那样使用算力资源。

本章参考文献

[1]郭亮,赵精华,赵继壮.异构 AI 算力操作平台的架构设计与优化策略[J].信息通信技术与政策, 2022, 48(3):7-12.

[2]阳王东,王昊天,张宇峰,等.异构混合并行计算综述[J].计算机科学,2020,47(8):5-16＋3.

[3]中国科学技术信息研究所,新一代人工智能产业技术创新战略联盟,鹏城实验室.人工智能计算中心发展白皮书 2.0——从人工智能计算中心走向人工智能算力网络[EB/OL].(2021-09-26)[2022-11-10] http://finance.people.com.cn/GB/n1/2021/0926/c1004-32237080.html.

附录 本书使用的缩略语

ACS（auto-configurationServer）自动配置服务器

AD（active directory）域服务

ADI（abstract device interface）抽象设备接口

AHU（air handler units）空气处理机组

AI（artificial intelligence）人工智能

AIDC（Artificial Intelligence Data Center）智能计算中心

ANSI（American National Standards Institute）美国国家标准协会

API（application programming interface）应用程序接口

App（application）应用程序

APT（advanced persistent threat）高级持续性威胁

AR（augmented reality）增强现实

ARM（Advanced RISC Machine）高级精简指令集计算机

ASIC（application specific integrated circuit）专用集成电路

AWS（Amazon Web Services）亚马逊云服务

BGP（border gateway protocol）边界网关协议

BIM（building information modeling）建筑信息模型

BOSS（business & operation support system）业务运营支撑系统

BPU（brain processing unit）大脑处理器

BSS（basic service set）客户关系管理

CA（certificate authority）证书的签发机构

CAE（computer aided engineering）计算机辅助工程

CDN（content delivery network）内容分发网络

Ceph（distributed file system）分布式文件系统

CES（Client—Edge—Server）"云—边—端"架构

CFD（computational fluid dynamics）计算流体动力学

CMU（Carnegie Mellon University）卡内基梅隆大学

CNN（convolutional neural network）卷积神经网络

CNCF（Cloud Native Computing Foundation）云原生计算基金会

CNTK（computational network toolkit）深度学习框架

CPU（central processing unit）中央处理器

CQC（China Quality Certification Centre）中国质量认证中心

CRAH（computer room air handler）机房空气处理装置

CS（Client—Server）服务器—客户机

CUDA（Compute Unified Device Architecture）英伟达推出的通用并行计算架构

CUE（carbon usage effectiveness）碳利用效率

DB（database）数据库

DCI（data center inter-connect）数据中心互联

DCIM（data center infrastructure management）动环监控

DDOS（distributed denial of service）分布式拒绝服务

DEISA（Distributed European Infrastructure for Supercomputing Applications）欧洲分布式超级计算应用基础设施联盟

DevOps（development 和 operations 的组合词）开发运维一体化

DNN（deep neural networks）深度神经网络

DNS（domain name system）域名系统

DoE（design of experiment）试验设计

DPDK（Data Plane Development Kit）数据平面开发套件

DPU（data processing unit）数据处理器

DR（distribution redundancy）分布冗余

DRS（distributed resource scheduler）动态资源调度

DSA（Domain Specific Architecture）特定领域架构

DSP（digital signal processing）数字信号处理

EBS（elastic block store）弹性块存储

ECC（error correcting code）误差校正码（一种纠错技术）

ECM（edge computing machine）边缘计算机器

ECP（Environmental Choice Program）加拿大环境选择计划

EDA（electronic design automation）电子设计自动化

EFEA（explicit finite element analysis）显式有限元分析

EFLOPS（exaFLOPS）每秒 100 京（10^{18}）次浮点运算次数

EIP（elastic IP address）弹性 IP 服务

EMR（electronic medical record）电子病历

ENS（edge node service）边缘节点服务

ESXi VMware 公司开发的一种企业级虚拟化产品

ETC（electronic toll collection）电子不停车收费

ETSI（European Telecommunications Standards Institute）欧洲电信标准协会

EVI（ethernet virtual interconnection）以太网虚拟化互联

FCoE（fibre channel over ethernet）以太网光纤通道

FCP（fibre channel protocol）光纤通道协议

FEA（finite element analysis）有限元分析

FIPS（Federal Information Processing Standards）美国联邦信息处理标准

FLOPS（floating-point operations per second）每秒执行的浮点运算次数

FPGA（field programmable gate array）场可编程门阵列

FSU（field supervision unit）监控单元

FTP（file transfer protocol）文件传输协议

FTT（failures to tolerate）允许的故障数目

GDP（gross domestic product）国内生产总值

GFLOPS（gigaFLOPS）每秒 10 亿（10^9）次的浮点运算次数

GPGPU（general-purpose GPU）通用 GPU

GPS（Global Positioning System）全球定位系统

GPT（generative pretrained transformer）生成式预训练转换器

GPU（graphics processing unit）图像处理器

GRE（generic routing encapsulation）通用路由封装协议

HA（high availability）高可用性

HCSO（Huawei CloudStack Online）华为混合云平台

HIS（hospital information system）医院信息系统

HPC（high performance computing）高性能计算

HPF（High Performance Fortran）一种程式语言

HPL（high performance LINPACK）高性能 LINPACK 测试软件包

HPU（hyper-heterogeneous processing unit）超异构处理器

HTTP（hyper text transfer protocol）超文本传输协议

HVDC（high voltage direct current）高压直流

IaaS（infrastructure-as-a-service）基础设施即服务

IB（InfiniBand）无线带宽技术

IBA（InfiniBand Architecture）无线带宽技术体系架构

IBTA（InfiniBand Trade Association）IB 行业协会

ICMP（Internet Control Message Protocol）Internet 控制报文协议

ICT（information and communications technology）信息与通信技术

IDC（Internet Data Center）互联网数据中心

IETF（The Internet Engineering Task Force）国际互联网工程任务组

IFEA（implicit finite element analysis）隐式有限元分析

IoT（Internet of Things）物联网

IP（Internet Protocol）网际互连协议

IPS（intrusion prevention system）入侵防御系统

iSCSI（Internet small computer system interface）Internet 小型计算机系统接口

ISP（Internet Service Provider）互联网服务提供商

IT（information technology）信息技术

ITO（information technology outsourcing）信息技术服务外包

iWARP（Internet Wide Area RDMA Protocol）一种 RDMA 协议

IXP（Internet eXchange Point）互联网交换中心

K8S（kubernetes）容器编排器

KFLOPS（kiloFLOPS）每秒 1000（10^3）次的浮点运算次数

LAN（local area network）局域网

LINPACK（linear system package）线性系统软件包

LSTM（long short-term memory）长短期记忆网络

LXC（LinuX container）容器

M&O（Management & Operations）许可站点运维管理认证

MAC（Macintosh）苹果公司的 MAC 电脑

MAU（make-up air unit）新风机组

MCM（multi-chip module）多芯片模组

MDC（mobile daughter card）软件调制解调器

MEAO（multi-access edge application orchestrator）移动边缘编排器

MEC（mobile edge computing）移动边缘计算

MEP（multi-access edge platform）移动边缘平台

MEPM（ME platform manager）移动边缘平台管理器

MFLOPS（megaFLOPS）每秒 100 万（10^6）次的浮点运算次数

MIG（multi-instance GPU）多实例 GPU

MPI（message passing interface）消息传递接口

MPL（Mozilla Public License）Mozilla 软件许可证

MPLS（multi-protocol label switching）多协议标签交换

MVAPICH（VAPI 层上 InfiniBand 的 MPI）软件接口间的桥梁

NAP（network access point）网络接入点

NAS（network attached storage）网络附属存储

NASA（National Aeronautics and Space Administration）美国国家航空航天局

NFV（network functions virtualization）网络功能虚拟化

NFVI（network functions virtualization infrastructure）网络功能虚拟化基础设施

NFVO（network function virtualization orchestrator）网络功能虚拟化编排器

NGFW（Next Generation Firewall）下一代防火墙

NIS（network information service）网络信息服务

NIST（National Institute of Standards and Technology）美国国家标准与技术研究院

NPU（neural-network processing unit）神经网络处理器

NSX（VMware NSX）网络虚拟化平台

OA（office automation）办公自动化

OBS（object storage service）对象存储服务

OFA（Open Fabrics Alliance）开放架构联盟

OFED（Open Fabrics Enterprise Distribution）开放架构联盟企业发行版

OLAP（online analytical processing）在线分析处理

OLTP（online transaction processing）在线事务处理

OS（operating system）操作系统

OSI（Open System Interconnection）开放式系统互联通信参考模型

OSS（operations support system）运营支持系统

OTN（optical transport network）光传送网

PaaS（platform-as-a-service）平台即服务

PBS（portable batch system）便携式批处理系统

PC（personal computer）个人计算机

PDF（portable document format）可携带文档格式

PDU（power distribution unit）电源分配单元

PFLOPS（petaFLOPS）每秒 1000 万亿（10^{15}）次的浮点运算次数

POP（point-of-presence）网络服务提供点

PUE（power usage effectiveness）电利用效率

pPUE（partial PUE）局部 PUE

PV（para virtualization）半虚拟化

PVM（products value management）产品价值管理

QEMU（quick emulator）一个开源的模拟器和虚拟机

QoS（quality of service）服务质量

QPI（common system interface）公共系统接口

RCS（rich communication suite）融合通信（通信技术和信息技术的融合）

RDMA（remote direct memory access）远程直接内存访问

REST（representational state transfer）表述性状态传递

RIS（radiology information system）放射科信息系统

RNN（recurrent neural network）循环神经网络

RoCE（RDMA over converged ethernet）一种 RDMA 协议

RPR（resilient packet ring）弹性分组环

RR（reserve redundancy）后备冗余

RRPP（rapid ring protection protocol）快速环网保护协议

RSU（road side unit）路侧单元

RTO（recovery time objective）恢复时间目标

SA（standalone）独立组网

SaaS（software-as-a-service）软件即服务

SAN（storage area network）存储区域网络

SCC（super computing cluster）超级计算集群

SDDC（Software Defined Data Center）软件定义数据中心

SDK（software development kit）软件开发工具包

SDN（software defined network）软件定义网络

SFTP（secret file transfer protocol）安全文件传送协议

SGW（serving gateway）服务网关

SLA（service level agreement）服务级别协议

SoC（system-on-a-chip）手机系统芯片

SOC（system on chip）片上系统

SR（segment routing）分段路由

SSH（secure shell）安全外壳协议

SUE（space usage effectiveness）空间利用效率

TCCF（Tier Certification of Constructed Facility）建设设施等级认证

TCDD（Tier Certification of Design Documents）设计文件等级认证

TCE（terminal control element）终端控制单元

TCOS（Tier Certification of Sustainable Operation）可持续性运营等级认证

TCP（transmission control protocol）传输控制协议

TFLOPS（teraFLOPS）等于每秒10000亿（10^{12}）次的浮点运算次数

TIA（Telecommunications Industry Association）电信行业协会

TOR（top of rack）柜顶交换机

TPU（tensor processing unit）张量处理器

TSMC（Taiwan Semiconductor）台积电（中国）有限公司

UDP（User Datagram Protocol）用户数据报协议

UEFI（unified extensible firmware interface）统一可扩展固件接口

UPF（user plane function）用户面功能

UPS（uninterruptible power system）不间断电源系统

VAPI（virtual application programming interface）虚拟应用程序接口

VFW（virtual firewall）虚拟防火墙服务

VI（virtualization infrastructure）虚拟化基础设施

VIM（virtualization infrastructure manager）虚拟化基础设施管理器

VLAN（virtual Local area network）虚拟局域网

VM（virtual machine）虚拟机

VMM（virtual machine monitor）虚拟机监视器

VNI（VxLAN network identifier）VxLAN网络标识

VPC（virtual private cloud）虚拟专有云

VPLS（virtual private LAN service）虚拟专用局域网服务

VPN（virtual private network）虚拟专用网

VPU（video processing unit）视频处理单元

VTEP（VxLAN tunnel endpoint）VxLAN隧道终端

VxLAN（virtual eXtensible local area network）虚拟扩展局域网

WAF（web application firewall）网站应用级入侵防御系统

WAN（wide area network）广域网

WUE（water usage effectiveness）用水效率